FORSCHUNGSBERICHTE DES WIRTSCHAFTS- UND VERKEHRSMINISTERIUMS NORDRHEIN-WESTFALEN

Herausgegeben von Staatssekretär Prof. Leo Brandt

Nr. 81

Prüf- und Forschungsinstitut für Ziegeleierzeugnisse, Essen-Kray

Die Einführung des großformatigen Einheits-Gitterziegels im Lande Nordrhein-Westfalen

Als Manuskript gedruckt

SPRINGER FACHMEDIEN WIESBADEN GMBH

ISBN 978-3-663-03429-2   ISBN 978-3-663-04618-9 (eBook)
DOI 10.1007/978-3-663-04618-9

Forschungsberichte des Wirtschafts- und Verkehrsministeriums Nordrhein Westfalen

Gliederung

I. Einleitung . . . . S. 5

II. Erfahrungen der mobilen Prüfstelle über die Herstellungsmöglichkeit von Gitterziegeln auf verschiedenen Werken des Landes Nordrhein-Westfalen S. 5

III. Verschleißversuche an Gitterziegel-Kernen . . . S. 7

IV. Vergleichstrocknungen Gitterziegel-Vollziegel . S. 11

V. Der Wärmeverbrauch beim Brennen von Voll- und Gitterziegeln. . . . . S. 12

VI. Über die Abhängigkeit der Druckfestigkeit vom Lochanteil bei Hochlochziegeln . . . . S. 19

VII. Arbeitstechnische Untersuchungen von Gitterziegeln verschiedener Formate . . . . S. 23

VIII. Schallversuche an großformatigen Gitterziegeln . S. 27

IX. Untersuchungen zur Frage der Berechtigung der Schalenbauart. . . . . S. 29

X. Meßtechnische Untersuchungen an Ringöfen mit dem Ziel der Steigerung von Produktionsleistungen bei gleichem Brennstoffaufwand . . . . S. 31

XI. Untersuchungen mit der neu errichteten Frostanlage . . . . S. 32

XII. Schlußzusammenfassung . . . . S. 32

XIII. Anhang. Rationalisierungsmaßnahmen der rheinisch-westfälischen Ziegelindustrie

Forschungsberichte des Wirtschafts- und Verkehrsministeriums Nordrhein-Westfalen

I. Einleitung

Nach dem letzten Krieg zeigte die Entwicklung, daß die Ziegelindustrie den durch die Kriegszerstörungen gegebenen großen Aufgaben des Wiederaufbaues mit dem Vollziegel auf der Grundlage der vielfach noch primitiven Herstellungsverfahren nicht gerecht werden konnte. Es schien vielmehr notwendig, ein neues, höheren Ansprüchen genügendes Erzeugnis zu entwickeln und die Technik der Ziegelfertigung auf den Stand eines modernen Industriezweiges zu heben.

Voraussetzung für diesen Übergang vom Lochziegel zum großformatigen Gitterziegel war die Erforschung der herstellungstechnischen Möglichkeiten und der mauerungstechnisch, festigkeitsmäßig, schall- und wärmetechnisch günstigsten Formate.

Zur Durchführung dieser Arbeiten wurde die Prüf- und Forschungsstelle der Ziegelindustrie Dortmund und Essen, heute das "Prüf- und Forschungsinstitut für Ziegeleierzeugnisse e.V. Essen-Kray", gegründet und zur Einführung der bei den Prüfungen gewonnenen Erkenntnisse in der Ziegelindustrie, sowie zur Ermittlung der praktischen Möglichkeiten in den Werken und zur Gewährleistung eines laufenden Erfahrungsaustausches zwischen dem Institut und den Werken durch eine mobile Prüfstelle ergänzt.

Das Institut führte, teilweise selbst, teilweise in Verbindung mit anderen öffentlichen Forschungsstellen, dankenswerterweise durch das Ministerium für Wirtschaft und Verkehr durch Beihilfen unterstützt, zahlreiche Entwicklungs- und Forschungsarbeiten durch, von denen in den nachfolgenden Berichten nur die wichtigsten beschrieben werden.

Alle gewonnenen Erkenntnisse wurden, sei es in der "Ziegelindustrie", sei es in den Berichten der mitherangezogenen Institute, veröffentlicht.

II. Erfahrungen der mobilen Prüfstelle über die Herstellungsmöglichkeit von Gitterziegeln auf verschiedenen Werken des Landes NRW

1. Aufgabe

Es war zu untersuchen, ob, in welchem Umfang und ggfs. unter welchen Voraussetzungen eine Umstellung der Ziegeleien von Vollziegeln auf den Gitterziegel möglich sei.

2. Durchführung der Untersuchungen

Zur Durchführung der Aufgabe wurde ein Versuchswagen mit Gitterziegelmundstücken verschiedenster Ausführung und den erforderlichen Meßinstrumenten ausgestattet und insgesamt bei 129 Werken im Lande Nordrhein-Westfalen eingesetzt.

Es gaben sich hierbei folgende Erfahrungen:

a) Bei der außerordentlichen Unterschiedlichkeit der Vorkommen und der Verschiedenartigkeit der vorhandenen Einrichtungen bedingt der Übergang zur Gitterziegelfertigung in fast allen Fällen eine besondere Ausbildung der Mundstücke und in vielen Fällen auch eine Umstellung oder Ergänzung der Einrichtungen.

b) In vielen Fällen ist eine sorgfältigere Aufbereitung erforderlich.

c) Das Gitterziegelmundstück erzeugt einen höheren Gegendruck als das für Vollziegel. Viele vorhandene Pressen erzeugen die erforderliche Preßleistung nicht und geben Rückstau.

d) In allen Fällen steigt der Kraftbedarf der Presse und in vielen Fällen ist zusätzlich ein großer Kraftbedarf für die verfeinerte Aufbereitung notwendig.

e) Auch der Preßkopf ist häufig zu kurz. Der Strang läuft daher meist unruhig und schiebt sich ungleich vor.
In diesen Fällen wird beim Austritt aus dem Mundstück ein Zerreißen der Gitterstege beobachtet. Durch Verlängerung des Preßkopfes (über 22 cm) kann eine Vergleichmäßigung der Austrittsgeschwindigkeit erreicht werden.
Ein weiteres Mittel zum Ausgleich der Vortriebsgeschwindigkeit bildet das Verschieben der Mundstücke in das Druckmaximum, das vielfach 3 - 4 cm außerhalb der Preßkopfmitte liegt.
Auch das Einsetzen von Bremsen schafft Abhilfe. Diese Bremsen erhöhen jedoch den Kraftbedarf und können deshalb bei Pressen, die zu Rückstau neigen, nicht angewendet werden.

f) Besondere Beachtung verdient auch die Bewässerung des Mundstückes. Bei plastischen Tonen läuft der Gitterziegelstrang häufig am besten ohne, seltener mit nur geringer Bewässerung.

Bei mageren Materialien ist eine Bewässerung des Mundstückes notwenddig. Diese Materialien erzeugen jedoch einen höheren Preßdruck im Mundstück, so daß das Material bei nicht ausreichendem Wasserdruck die Zuführungsschlitze der Bewässerung versetzt. In solchen Fällen ist zur Vermeidung der Verstopfung der Zuführungsschlitze die Anordnung einer besonderen, einen ausreichenden Wasserdruck erzeugenden, Pumpe erforderlich. Dieses hat zugleich den Vorteil, daß ein stets gleichmäßiger Wasserdruck zur Verfügung steht.

g) Um standfeste Gitterziegel bei magerem Material zu erreichen, ist eine harte Verpressung erforderlich. Da Holzmundstücke den hohen seitlichen Drücken nicht standhalten, wird hier die Verwendung eiserner Mundstücke empfohlen. Zur Vermeidung von Bruchschäden ist bei den erhöhten Drücken auch für eine festere Verbindung zwischen Mundstückplatte und Preßkopf zu sorgen.

3. Zusammenfassendes Ergebnis der Untersuchungen

80 % der Werke verfügen über Rohstoffe, die sich für die Herstellung von Gitterziegeln eignen. Dies erfordert jedoch umfangreiche Erfahrungen, zu deren Sammlung und Verbreitung die mobile Prüfstelle in entscheidendem Maße beitrug.

Darüber hinaus erfordert der Übergang zur Gitterziegelfertigung je nach Eignung der vorhandenen Anlage entsprechende Investitionen. Damit wird die Einführung des Gitterziegels in vielen Fällen zu einer Frage der Kapitalbeschaffung.

III. Verschleißversuche an Gitterziegel-Kernen

1. Aufgabe

Bekanntlich werden die Löcher der Lochziegel durch Kerne im Mundstück geformt. Die Kerne unterliegen durch das Vorbeigleiten des vielfach sehr aggressiven Materials einem großen Verschleiß. Abgesehen von den Kosten der laufenden Erneuerung ändern sich die Maße durch den Verschleiß und in deren Folge die Rohwichte des Ziegels. Letztere ist aber bestimmend für die Wärmedämmung und damit für die Wandstärke der daraus zu erstellenden Bauten. Hiervon wiederum werden die Baukosten maßgeblich beeinflußt. Ziel der angestellten Versuche war die Auffindung eines verschleißfesten, kostenmäßig tragbaren Materials, mit Hilfe dessen die in den DIN-Normen vorgeschriebenen Rohwichte in engen Toleranzen zuverlässig eingehalten werden können.

2. Durchführung der Untersuchungen

Es wurden rhombisch geformte Kerne aus verschiedenen anorganischen und organischen Stoffen hergestellt und nach Wägung in ein Strangpressenmundstück eingesetzt. Dabei wurde das zur Verfügung stehende Versuchsmaterial in der Weise auf eine große Anzahl von Ziegeleien verteilt, daß jeweils 3 Kerne des gleichen Ausgangsmaterials derart in das Mundstück eingesetzt wurden, daß sie annähernd gleichen Beanspruchungen unterworfen waren.

Es wurden jeweils 8000 Gitterziegel unter gleichen Bedingungen hergestellt und dann der prozentuale Gewichtsverlust der verwendeten Kerne bestimmt. Es ergaben sich nachstehende in der Tabelle zusammengefaßte mittlere prozentuale Gewichtsverluste:

Nr. und Bezeichnung des Kernes			Gewichtsverlust im Mittel %
1. Smoked sheets	Type	13/75/51	1,71
2. Perbunan	"	G 83a	0,72
3. Neoprene	"	G 85a	1,91
4. Spez. Buna Contin.	"	KSB	0,60
5. Sintermetall Widia	"	10811/3	0,066
6. " "	"	10811/2	0,066
7. " Wallram	"	261	0,068
8. Glas	"	Novex	9,68
9. Hartstahl (Oberflächenhärtung)	"	Pfi.	0,506
10. Kerne des Mundstückherstellers (Kohlenstoffstahl mit Oberflächenhärtung	"	Dang	2,19

Hierzu ist zu bemerken:

Die aus Kautschuktypen hergestellten Kerne erforderten unter gleichen Bedingungen einen höheren Kraftbedarf der Presse als Kerne aus Glas und Metall. Darüber hinaus trat eine wenn auch nur geringe Deformierung auf, die eine Lockerung der Kerne auf den Kernhaltern hervorrief. Die rhombischen Laufflächen in den hergestellten Rohlingen waren rauh, während sie bei Verwendung von Metall oder Glas als Kernmaterial glatt bleiben.

Nach den Versuchen weist Nr. 8, das harte, gegossene Glas, den größten prozentualen mittleren Gewichtsverlust auf. Am günstigsten verhielten sich die Sintermetalle, deren Verschleißfestigkeiten um eine Zehnerpotenz niedriger als die nächst günstigen Kerne lagen.

Kerne aus diesem Material ließen sich jedoch zunächst nicht anwenden, da die Vielzahl der benötigten Formen und Maße einen Preis von DM 1.200,- je Mundstücksatz zur Folge hatten. Es erschien somit notwendig, die Zahl der Kerntypen durch Normung auf einige wenige zu begrenzen, um so zu einer billigeren Massenfabrikation zu gelangen.

Unter Zugrundelegung der in der DIN 105 festgesetzten Toleranzen wurden zunächst alle Hohlwarenschwindungen in 2 Klassen eingeteilt, und zwar:

   Klasse 1 - Schwindungen bis 5 %
   " 2 - Schwindungen von 5 % - 10 %.

Entsprechend der Forderung nach DIN 105, wonach die Lochoberfläche des gebrannten Lochziegels nicht größer als 2,5 cm^2 sein soll, wurden die Kernoberflächen einmal auf 2,7 cm^2, das andere Mal auf 2,9 cm^2 festgesetzt. Die Stegdicke zwischen den einzelnen Kernen liegt dann bei rd. 0,8 cm. Durch die bei der Gitterziegelherstellung durch den Abschneider auftretende Verschmierung der Oberfläche sind praktisch die Lochflächen weit unter 2,5 cm^2.

Weiterhin wurde eine Kernanzahl von 47 Stück bei 1,6 NF und von 56 Stück bei 2,5 NF gewählt, so daß ein Lochanteil von mindestens 35 % und damit immer ein Ziegelstein-Raumgewicht von 1,2 kg/dm^3 bei einem Ausgangs-Scherbenraumgewicht von 1,8 kg/dm^3 erreicht ist.

Zusätzlich war aber auch die Höhe der Kerne festzulegen. Es wurde beobachtet, daß die Kernhöhe einen wesentlichen Einfluß auf den ordnungsgemäßen

Strangaustritt ausübt. Große Kernhöhen gestatten einen schlanken Einlauf, sie bedeuten aber einen wesentlich höheren Materialaufwand und damit eine Erhöhung der Herstellungskosten.

Nach Durchlaufen verschiedener Entwicklungsstadien gelang es in enger Fühlungnahme mit den Wolfram-Karbid herstellenden Firmen, Kernformen zu finden, die den Forderungen auf möglichst billige Herstellung und ebenso guter Strangformung entsprechen.

Diese Kerne sind zur Ersparung an hochwertigem Material mit Blei oder ähnlichen Flußmitteln ausgegossen. Sie werden inzwischen in Großserie hergestellt und sind in laufender Verwendung bei einer großen Anzahl von Ziegeleien im Gebiet von Nordrhein-Westfalen.

Die nachfolgenden Abbildungen zeigen Widia-Kerne in Formen und Maßen.

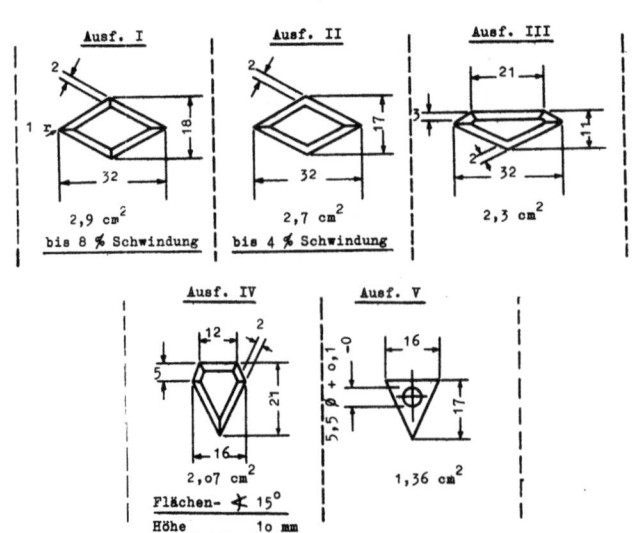

3. Zusammenfassung

In systematischer Entwicklung wurde ein für die Herstellung der Löcher in Lochziegeln geeignetes Kernmaterial in den Sintermetallen aus Wolfram-Karbiden gefunden und durch Normung in der Zahl der benötigten Typen so begrenzt, daß eine wirtschaftliche Herstellung möglich wurde.

Während die alten Stahlkerne früher bei rauhem Material oftmals schon nach Herstellung von nur 30.000 Stück Gitterziegeln einen Verschleiß aufwiesen, so daß sie schon bei dieser kleinen Stückzahl ausgewechselt werden mußten, wenn die für die 24-er Wand notwendige Rohwichte von 1,2 eingehalten werden sollte, konnten bei Verwendung von Widia-Kernen - selbst bei einer Produktion von mehreren Millionen Gitterziegeln - keine nennenswerten Abschleifungen beobachtet werden. Hierdurch kommen bei Verwendung des Widia-Materials die häufigen Auswechslungen und Betriebsunterbrechungen in Fortfall. Zugleich kann mit großer Sicherheit die verlangte Rohwichte der Lochziegel gleichmäßig und damit die Wärmedämmfähigkeit eingehalten werden.

IV. Vergleichstrocknungen Gitterziegel - Vollziegel

1. Aufgabe

Die Einführung des Gitterziegels hatte zur Voraussetzung, daß mindestens die gleiche Anzahl Ziegel in den vorhandenen Trockenanlagen getrocknet werden konnte wie bei der Herstellung von Normalziegeln. Hierzu war das Trockenverhalten der Gitterziegel gegenüber dem Vollziegel zu untersuchen. Die Untersuchung ist insofern für die Ziegeleien von besonderer Bedeutung, als die Trockenanlage in der Regel den Engpaß der Fertigung darstellt.

2. Durchführung der Untersuchungen

Vergleichsweise wurden im Labor Gitterziegel mit einem Volumen von 3090 cm^3 zu Normalziegeln der Volumen 1898 cm^3 auf Trockengeschwindigkeit untersucht.

Aus dem gleichen Strang, bei gleichem Anmachewasserprozentsatz von rd. 28 %, wurden je 4 Formlinge hergestellt und bis zur Gewichtskonstanz (keine Wasserabgabe) alle 4 - 12 Stunden untersucht.

Zur Ermittlung der Restfeuchtigkeit wurden die Ziegel im Trockenschrank getrocknet.

Der Lochanteil der Gitterziegel betrug 22,1 %, die Lochzahl 57.

Die Ziegel wurden in Gerüsten unter gleichen natürlichen Bedingungen getrocknet (vergl. Tabelle).

Wassergehalt %	Trockenzeit Gitterziegel Std.	Trockenzeit Vollziegel Std.
15,0	50	68
12,5	62	85
10,0	75	125
7,5	97	200

Während der Wassergehalt von 15 % beim Gitterziegel 18 Stunden früher als beim Vollziegel erreicht wurde, war ein Wassergehalt von 10 % beim Gitterziegel schon 50 Stunden früher erreicht.

3. Ergebnis der Untersuchungen

Die angestellten Versuche hatten zum Ergebnis, daß ein Ziegelwerk, bei dem diese absoluten Zahlen zutreffen, mindestens 50 Stunden früher den Trockenbelag wechseln könnte. Wird noch berücksichtigt, daß die Gitterziegel 1,5-faches Volumen der NF-Vollziegel besitzen, so könnte bei Umstellung auf Gitterziegel mehr als das Doppelte des Bisherigen pro Saison getrocknet werden.

Vergleichende Untersuchungen über das Trockenverhalten von Gitterziegeln und Normalziegeln führten zu der Erkenntnis, daß die Gitterziegelproduktion vom Gesichtspunkt der Trocknung aus eine maßgebliche Steigerung der Produktion zuläßt.

V. Der Wärmeverbrauch beim Brennen von Voll- und Gitterziegeln

1. Aufgabe

Die Einführung des Gitterziegels warf die Frage auf, ob mit dem Gitterziegel gegenüber dem Vollziegel eine Verminderung des Wärmeverbrauchs, ggfs. in welchem Umfang, zu erwarten sei.

Forschungsberichte des Wirtschafts- und Verkehrsministeriums Nordrhein-Westfalen

2. Durchführung der Untersuchungen

Gemeinsam mit dem Technischen Überwachungs-Verein Essen und den Vereinigten Wärmeinstituten des Hauses der Technik, Essen, Außenstelle der Technischen Hochschule Aachen, wurden Untersuchungen über den Wärmeverbrauch beim Brennen verschiedener Ziegel durchgeführt.

Für die Durchführung dieser Brennversuche fiel die Wahl auf einen Elektroofen, da in einem solchen Ofen eine genaue und einwandfreie Bestimmung des Leistungsverbrauches möglich ist und auch die sonstigen Versuchsbedingungen günstig sind. Ein genügend großer Elektroofen wurde bei den Vereinigten Wärmeinstituten in Langenberg ermittelt.

Als Ausgangsmaterial für die Versuche wurde ein mergeliger Ton gewählt, aus welchem nachstehende Ziegelerzeugnisse verpreßt wurden.

Art des Ziegels	Mittlere Maße in cm
Vollziegel NF	25 x 12 x 6,5
Gitterziegel NF	25 x 12 x 6,5
Gitterziegel 1,6 NF	24,6 x 12,2 x 10
Gitterziegel 2,5 NF	24,4 x 17,9 x 10

Vor dem Brennen wurden sämtliche Ziegel einer natürlichen Trocknung unterworfen. Sie wurden dann bis zur Gewichtskonstanz künstlich getrocknet (s. Tabelle, Zahlenreihe 5).

Um eine geringe Brennzeit für die einzelnen Ziegelsorten zu ermitteln, war es notwendig, eine Reihe von Vorversuchen durchzuführen. Dabei mußten Ziegel gewonnen werden, deren Materialeigenschaften ausreichend waren (Druckfestigkeit: $= 150$ kg/cm^2). Diese Versuche wurden von der Forschungsstelle der Ziegelindustrie in einem gasbeheizten Ofen durchgeführt. Als Ergebnis dieser Brennversuche ergaben sich zwei Brennkurven mit einer Gesamtbrennzeit von 10 Stunden für den Gitterziegel und 16 Stunden für den Vollziegel.

Zur Charakterisierung der Brennkurven wurde wie folgt verfahren:

Im ersten Teil der Brennkurve, ab Raumtemperatur bis 150°C, erfolgte der Temperaturanstieg langsam, um die Ziegel gleichmäßig vorzuwärmen und um aus ihnen das hygroskopisch gebundene Wasser auszutreiben. Dann wurde die

Temperatur von 150°C auf 400°C gesteigert und 400°C eine Stunde lang beibehalten, um bei dieser Temperatur des Konstitutions-Wasser zu entfernen und um gleichzeitig in den Ziegeln einen Temperaturausgleich zu erreichen. Anschließend wurde bei gleichmäßigem Temperaturanstieg die Temperatur auf 800°C erhöht. Bei 800°C wurde wieder eine Haltezeit von einer Stunde eingelegt, um den Rest des chemisch gebundenen Wassers zu entfernen und um einen Temperaturausgleich im Ziegel herbeizuführen. Dieser Haltepunkt war außerdem wichtig, um aus dem $Ca\,CO_3$ die Kohlensäure abzuspalten. Da die Reaktionsgeschwindigkeit hierbei sehr gering ist, wurde hier auch eine Haltezeit von einer Stunde eingelegt. Anschließend wurde die Temperatur auf 1000°C gesteigert. Diese Endtemperatur wurde eine Stunde lang gehalten. Dadurch sollte ein gleichmäßiges Durchbrennen der Ziegel erreicht werden. Beim Vollziegel wurden die Temperaturzonen der Brennkurve entsprechend (16 Stunden) verlängert, um einen einwandfreien Ziegel zu brennen.

Versuchseinrichtung

Der verwendete Elektroofen besaß eine Leistung von 10,5 kW und Höchsttemperatur von 1000°C. Zur Leistungsmessung wurden nachstehende Meßgeräte verwendet:

- 2 Ringstromwandler
  Übersetzungsverhältnis 50/5 A
- 2 Spannungswandler
  Übersetzungsverhältnis 220/100 V
- 1 Eichzähler (Klasse 0,2 bei 50 %-iger Belastung
  3 x 5 A, 95 - 100 V, 1 kWh = 2800 Umdr.
- 1 schreibender Leistungsmesser.

Zur Überwachung der Temperaturen im Ofen bzw. im und am Ziegel wurden Ni-Ni-Co-Thermoelemente eingebaut. Diese Thermoelemente arbeiteten auf einen Sechsfarbenschreiber. Für die Bestimmung der Raumtemperatur wurde ein Quecksilber-Thermometer verwendet.

Der Leistungsschreiber war zur Erleichterung der Temperaturregelung eingebaut. Da ein Programmregler nicht zur Verfügung stand, erfolgte die Zu- und Abschaltung des Ofens entsprechend der verlangten Temperatur der Brennkurve von Hand.

Für jede Brennzeit (16 bzw. 10 Stunden) wurde der Leerlaufbedarf des Ofens ermittelt (Versuche 1/V und 3/III). Diese Versuche wurden jeweils vor dem Brennen der Gitterziegel bzw. Vollziegel gefahren.

Die Erbebnisse der Versuche sind in der Tabelle am Schluß des Berichtes zusammengefaßt. Der Gesamtverbrauch für das Brennen der Vollziegel ergibt sich hierbei, bei einem Einsatzvolumen von etwa 18 dm^3, (entsprechend dem Fassungsvermögen des Ofens) zu 64 kWh bei 16-stündiger Brennzeit. Der Leerlauf des Ofens wurde vorher zu 58,8 kWh für dieselbe Brennzeit und Brennkurve bestimmt. Damit ergibt sich für das Brennen der Ziegel selbst ein Verbrauch von etwa 5,4 kWh.

Bei etwa gleichen Einsatzvolumina ergab sich für den Normalformat-Gitterziegel bei 10-stündiger Brennzeit ein Gesamtverbrauch von 52 kWh, für den 1,6 NF-Gitterziegel 50,5 kWh und für den 2,5 NF-Gitterzeigel 50,0 kWh. Nach Abzug des getrennt ermittelten Leerlaufverbrauches von 44,6 kWh verbleiben als Verbrauch für das eigentliche Brennen 7,4 bzw. 5,9 und 5,4 kWh. Wenn bei einem Vergleich dieser letzteren drei Zahlen die Tendenz auch klar zu erkennen ist, so sollten doch die absoluten Werte mit Vorsicht aufgenommen werden, da es sich um die als Differenz zweier Einzelversuche festgestellten Leistungen handelt, wobei kleine Abweichungen im Versuchsverlauf bereits große prozentuale Abweichungen, auf die reine Brennleistung bezogen, ergeben können. Dazu kommt noch, daß der Anfangs- und Endzustand des eingebrachten Gutes nicht eindeutig definiert ist.

Eine Gegenüberstellung der Verbräuche für Voll- und Gitterziegel läßt aber erkennen, daß die Energieersparnis beim Brennen der letzteren im wesentlichen nicht im reinen Verbrauch für den Brennprozeß selbst, sondern in der erheblichen Abkürzung der Brennzeit und damit in der Verringerung der Ofenverluste eintritt. Während der Normalstein 16 Stunden für das Brennen benötigte, konnten dieselben bzw. noch bessere Endeigenschaften beim Gitterziegel bereits bei 10-stündiger Brennzeit erreicht werden (Spalte 16 der Tabelle). Dementsprechend treten Ersparnisse beim Versuchsofen im wesentlichen infolge der durch die Verkürzung des Brennverfahrens verminderten Ofenverluste auf. Diese sind nach den Leerlaufversuchen von 58,6 auf 44,6 kWh, d.h. um 14 kWh = 24 %, gesunken.

Diese Ergebnisse lassen sich auf den normalen Brennprozeß in der Praxis nicht einfach übertragen, da hier wesentlich andere Verhältnisse, insbesondere erheblich größere Einsätze vorliegen, auf welche die Ofenverluste zu beziehen sind. Tatsächlich sind aber auch hier die Ofenverluste an der

Zusammenstellung der Meßergebnisse des Brandes von Voll- und Gitterziegeln

Versuchs-Nr.	Versuchs-dauer Std.	Art des steines	Einsatz-volumen Löcher nicht abgezog. cm³	Gewicht bei Ge-wichts-konstanz g	Raum-ge-wicht kg/dm³	Gewicht vor dem Versuch g	Wasser-gehalt g	Wasser-gehalt %	Volu-men nach dem Brand cm³	Ein-satz-gew. nach Brand g	Raum-gew. des Zieg. kg/dm³	Loch-an-teil Vol. %
1	2	3	4	5	6	7	8	9	10	11	12	13
1/V	16	Leerlauf für Vollziegel	–	–	–	–	–	–	–	–	–	–
2/IV	16	Vollziegel NF	108044	30308	1,69	30736	428	1,41	17593	27848	1,58	–
3/III	10	Leerlauf für Gitterziegel	–	–	–	–	–	–	–	–	–	–
4/II	10	Gitterziegel 1,6 NF	17961	23274	1,30	23674	400	1,72	17404	21439	1,23	27,25
5/VI	10	Gitterziegel NF	18015	21092	1,17	21571	479	2,27	17484	19416	1,11	25,51
5/VII	10	Gitterziegel 2,5 NF	17286	20657	1,20	21164	507	2,38	16943	19133	1,13	36,20

__Forschungsberichte des Wirtschafts- und Verkehrsministeriums Nordrhein Westfalen__

Vers. Nr.	Gew.-Verl. b.Brennen bez. auf d.trockenen Rohling b. Gew.-Konstanz		Druckfestigkeit des Ziegels	Vers.-Körperhöhe beim Abdrükken	Druckfläche	Verbrauch beim Versuch	Vergl.-verbrauch des Vollziegels	Leerlaufverbrauch des Ofens	reiner Verbr. f. d. Brennen 22-19-21	Vergl. m. Vollzieg. Mehrverbrauch f. Brennen d. Gitterziegels		Mehrverbr. f. d. Brennen f. Vollziegel einschl. Ofenverluste 25 = 26 = 20-19 19/25	
	g	%	kg/cm²	cm	cm²	kWh	kWh	kWh	kWh	kWh	%	kWh	%
	14	15	16	17	18	19	20	21	22	23	23	25	26
1/V	–	–	–	–	–	–	–	58,6	–	–	–	–	–
2/IV	2470	8,15	159	14,2	127	64,0	–	58,6	5,4	–	–	–	–
3/III	–	–	–	–	–	–	–	44,6	–	–	–	–	–
4/II	1835	7,88	186	11,1	294	50,5	64,0	44,6	5,9	0,52	9,67	13,5	26,75
5/VI	1676	7,65	126	13,8	290	52,0	64,0	44,6	7,4	2,02	37,6	12,0	23,1
6/VII	1524	7,39	161	10,9	428	50,0	64,0	44,6	5,4	0,02	0,037	14,0	28,0

Wärmebilanz maßgeblich mit beteiligt, und es werden sich daher auch hier beim Brennen von Gitterziegeln mit der verkürzten Brennzeit erhebliche Einsparungen ergeben.

E r g e b n i s   d e r   U n t e r s u c h u n g e n

Die Versuche zeigen:

a) Der Brennstoffverbrauch des Ziegelofens wird in erster Linie durch die Ofenverluste bestimmt.

b) Die Verluste sind in starkem Maße von der Brennzeit abhängig.

c) Der Gitterziegel kann durch seinen dünnwandigen Aufbau und durch die dadurch gegebene erhebliche Vergrößerung seiner Oberfläche ohne Gefahr der Zerstörung die Wärme schneller aufnehmen. Seine Brennzeit kann gegenüber dem Vollziegel maßgeblich verkürzt werden.

d) Durch Verkürzung der Brennzeit ergibt sich eine erhebliche Brennstoffeinsparung.

Bei annähernd gleichen Ofen-Einsatzvolumina und einem Lochanteil von 36 Vol.% verhalten sich

    a) die Massen der Gitterziegel zu den Massen der Vollziegel annähernd wie 2 : 3;

    b) Die Brennzeiten der Gitterziegel zu den Brennzeiten der Vollziegel annähernd wie 2 : 3.

3. Zusammenfassung

Laboratoriumsmäßig in einem elektrisch beheizten Ofen durchgeführte Brennversuche an Voll- und Gitterziegeln verschiedenen Formates zeigten den großen Einfluß der Ofenverluste und damit der Brennzeiten auf den Energieverbrauch beim Brennen.

Die vergrößerte Oberfläche des Gitterziegels ermöglicht in Verbindung mit seinem dünnwandigen Aufbau eine Erhöhung des Brennfortschritts und damit eine Verringerung der Ofenverluste gegenüber dem Vollziegel.

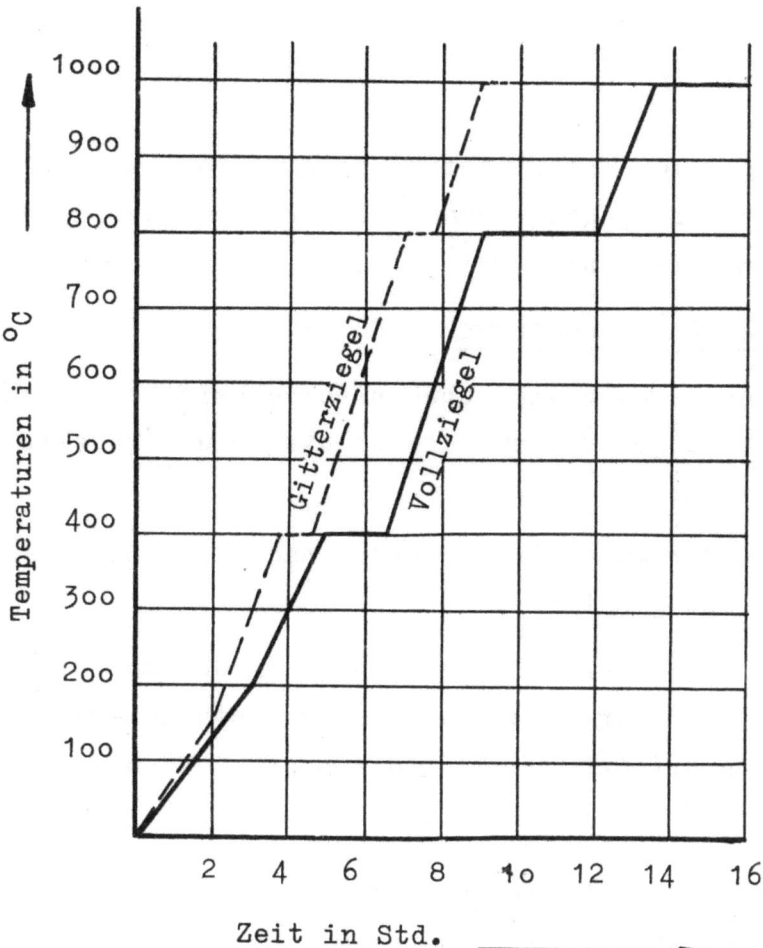

Brennkurve für Voll- und Gitterziegel

VI. Über die Abhängigkeit der Druckfestigkeit vom Lochanteil bei Hochlochziegeln

1. Aufgabe

Es sollte die Abhängigkeit der Druckfestigkeit resp. Verringerung der Steinrohwichte bei Hochlochziegeln festgestellt werden. Da genauere Unterlagen insbesondere in dem interessierenden Bereich zwischen 4 und 30% Lochanteil nicht vorhanden sind, erschien es wichtig zu untersuchen, wie sich die Druckfestigkeit im Vergleich zu den unter den gleichen Bedingungen und mit gleichem Scherbenraumgewicht hergestellten Vollziegeln verhält.

2. Lieferwerk der Ziegel

Die untersuchten Ziegel wurden in Essen-Schonnebeck aus einem mergeligen Tonmaterial auf einer normalen Presse (ohne Vakuum) gezogen. Die Aufbereitung war wie folgt: Kastenbeschicker, Koller, Maukmischer, Transportband, Walzwerk, Presse.

Für die Herstellung aller untersuchten Ziegel wurde das gleiche Mundstück verwendet. Die Veränderung des Lochanteils erfolgte durch Herausnahme der rhombisch geformten Kerne (Gitterziegel).

3. Durchführung der Untersuchungen

Bei jeder der in der Tabelle angegebenen Versuchsreihen wurden je 10 Ziegel der Prüfung unterzogen und aus diesen die in der Tabelle aufgeführten mittleren Werte bestimmt.

a) Die Abmessungen der Mauerziegel wurden nach DIN 105, Ausgabe Januar 1952, bestimmt und gemittelt.

b) Zur Bestimmung des Scherbenraumgewichtes wurde das Volumen eines jeden Ziegels mittels der Wasserverdrängungsmethode ermittelt. Die Gewichtsbestimmung erfolgte gemäß DIN 105 (neu) Wägung. $\left(\frac{G}{V_{H_2O}}\right)$

c) Die Bestimmung des Steinraumgewichtes (Steinrohwichte) erfolgte gemäß DIN 105 durch Wägung und Messung mit Schiebelehre.

$$\left(\frac{G}{V(\text{gemessen})}\right)$$

d) Die Bestimmung des Lochanteiles erfolgte ebenfalls durch die Wasserverdrängung, nachdem jeder Ziegel durch 7-tägiges Lagern in H_2O gesättigt war.

e) Druckversuch:
Zur Feststellung der Druckfestigkeiten wurden die Ziegel gemäß DIN 105 abgeglichen, wobei die 10 unter Nr. 275 der anliegenden Tabelle aufgeführten Vollziegel jeweils gehälftet und gegenläufig aufeinander gemauert wurden. Die mittleren Abmessungen der Vollziegel NF waren: 23,9 x 11,6 x 6,5 cm. Alle übrigen abgedrückten Ziegel wurden nicht gehälftet und gemäß DIN 105 mit Mörtel abgeglichen. Die mittleren Abmessungen der 1,6 NF Gitterziege, waren: 23,88 x 11,6 x 10,25 cm (Tabelle 1).

4. Ergebnis der Untersuchung

Die gemäß der Tabelle 2 aufgezeichnete Kurve I - Druckfestigkeit in Abhängigkeit vom Lochanteil - zeigt kleine Streuungen, die innerhalb der bei keramischen Produkten stets auftretenden Grenzen (nicht größer als 10 %) liegen. Die Kurve zeigt ab 19 % Lochanteil den gleichen Verlauf wie die Kurve II - Steinrohwichte in Abhängigkeit vom Lochanteil -. Die Gründe des anfänglichen Auseinandergehens sind wahrscheinlich mehrere, wie Stegausbildung und entsprechende Materialverdichtung, Durchbrennungen usw.

Bemerkenswert ist, daß die Druckfestigkeiten aller Lochziegel in dem Lochanteilbereich von 4% bis 33% höher liegen als bei den aus dem gleichen Material mit gleichem Scherbenraumgewicht hergestellten NF-Ziegeln. Hierbei muß bedacht werden, daß die bei den NF-Ziegeln abgedrückten Flächen 132 cm^2 groß sind, die der 1,6 NF-Lochziegel dagegen 276 cm^2. Es wurden daher Vollziegel mit den gleichen Abmessungen wie die Lochziegel ebenfalls hergestellt und ungehälftet abgedrückt. Dann liegen die Druckfestigkeiten der Hochlochziegel nur noch bis zu einem Lochanteil von 11% höher als diese 1,6 NF-Vollziegel.

5. Schlußfolgerung

Die Druckfestigkeiten der Hochlochziegel liegen bei einem Lochanteil $\leq$ 33% über den Druckfestigkeiten der aus dem gleichen Material mit gleichem Scherbenraumgewicht hergestellten Normalziegel, wenn diese gemäß DIN 105, Ausgabe Januar 1952, abgedrückt und verglichen werden, wie es die Praxis verlangt. Da die Druckfestigkeiten auf den cm^2 bezogen werden, bleibt die abgedrückte Fläche unberücksichtigt. Werden die abgedrückten Flächen und Höhen der aus dem gleichen Material und mit dem gleichen Scherbenraumgewicht hergestellten Vollziegel und Hochlochziegel gegenübergestellt, so sind die Druckfestigkeiten der Hochlochziegel nur bis zu einem Lochanteil von ca. 11% größer als die der 1,6 NF-Vollziegel.

Die Abnahme der Druckfestigkeit eines Lochziegels mit kleinem Lochanteil geht nicht proportional der Zunahme des Lochanteils, sondern bleibt kleiner. Erst bei größerem Lochanteil ist eine Proportionalität erkennbar.

Tabelle 1

Druckfestigkeit in Abhängigkeit vom Lochanteil

Nr. der Versuchs- reihe	Art der un- tersuchten Mauerziegel	Mittlere Ab- messungen der Ziegel mm	Mittl. Loch- anteil %	Mittl. Stein- roh- wichte kg/dm³	Mittl. Scher- ben- rohw. kg/dm³	Mittl. Druck- fläche cm²	Mittl. Druck auf Ge- samt- fläche kg	Mittl. Druck- festig- keit kg/cm²
275 +	Vollziegel NF	239 x 116 x 65	–	1,54	1,54	132	16.635	126
274	Vollziegel 1,6 NF	241 x 120 x 104	–	1,56	1,56	288	48.735	169
271	Gitterziegel 1,6 NF	239 x 117 x 101	4,84	1,46	1,54	281	52.597	188
269/70	"	239 x 117 x 102	7,10	1,44	1,54	280	49.878	178
268	"	239 x 116 x 102	9,17	1,39	1,53	277	45.243	163
267	"	240 x 116 x 101	12,21	1,35	1,54	278	48.547	174
266	"	240 x 116 x 102	13,91	1,31	1,53	278	45.893	165
265	"	239 x 116 x 102	16,69	1,29	1,55	276	44.816	162
264	"	239 x 116 x 102	19,56	1,24	1,54	276	46.197	167
263	"	239 x 116 x 103	23,93	1,18	1,55	277	39.952	145
262	"	238 x 115 x 103	26,68	1,14	1,55	274	39.563	144
273	"	238 x 115 x 104	30,58	1,08	1,55	274	36.680	134
272	"	237 x 115 x 105	33,40	1,05	1,58	272	37.361	137

+ Vollziegel NF wurden gehälftet, aufeinandergemauert und abgeglichen, während die Gitterziegel 1,6 NF und Vollziegel 1,6 NF nur abgeglichen wurden.

Tabelle 2
Über die Abhängigkeit der Druckfestigkeit vom Lochanteil bei Hochziegeln

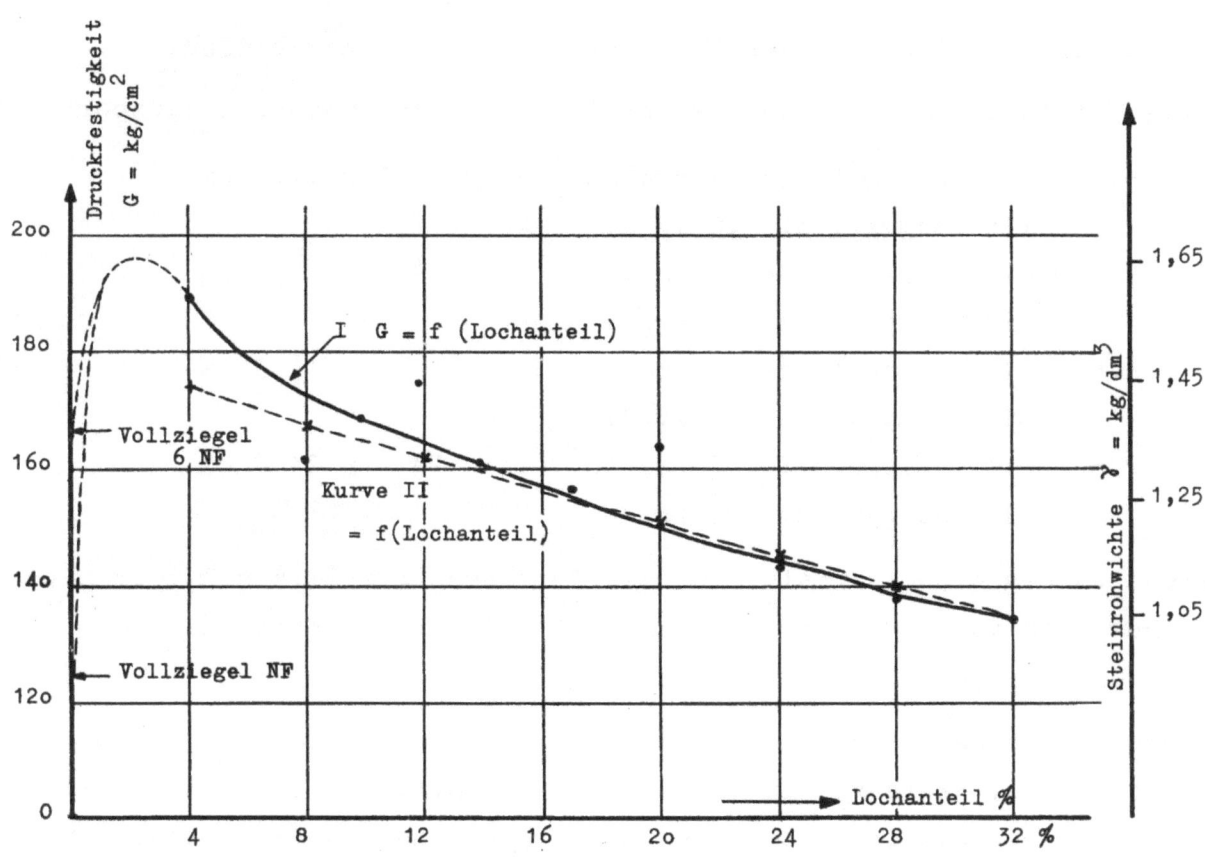

VII. Arbeitstechnische Untersuchungen von Gitterziegeln verschiedener Formate

1. Aufgabe

Die Einführung des Gitterziegels warf die Frage nach den herstellungs- und arbeitstechnisch günstigsten Formaten auf. Zur Klärung dieser Fragen führte das Institut für Bauforschung in Hannover gemeinsam mit dem Max-Planck-Institut auf unsere Bitten Untersuchungen zur Bestimmung der Arbeitsleistung in Abhängigkeit von der Form, vom Gewicht und von der Größe durch.

Forschungsberichte des Wirtschafts- und Verkehrsministeriums Nordrhein Westfalen

2. Durchführung der Versuche

Es wurden die Arbeitsleistung von drei verschiedenen Maurern, die dreimal die gleiche Arbeit zu verrichten hatten, nicht nur abgestoppt, sondern auch arbeitsphysiologisch untersucht. Die Ergebnisse dieser Arbeiten sind im einzelnen in Heft 13, Reihe D, des Instituts für Bauforschung in Hannover veröffentlicht. Wir beschränken uns deshalb im nachfolgenden auf eine kurze Schilderung des Versuches und seiner Ergebnisse.

Für die Untersuchungen wurden hergestellt und nach Hannover transportiert:

    5.500 Gitterziegel des Formates 24 x 11,5 x 11,3 cm
        mit Raumgewicht 1,2 kg/dm^3

    3.500 Gitterziegel des Formates 24 x 17,5 x 11,3 cm
        mit Raumgewicht 1,2 kg/dm^3

    4.500 Gitterziegel des Formates 24 x 17,5 x 11,3 cm
        mit Raumgewicht 1,0 kg/dm^3

    2.500 Gitterziegel des Formates 24 x 24 x 23,8 cm
        mit Raumgewicht 1,0 kg/dm^3

Außerdem wurden 6.500 Normalziegel des Formates 24 x 11,5 x 7,1 cm mit einer Rowichte von 1,8 kg/dm^3 hergestellt und bei den Versuchen vergleichsweise eingesetzt.

Die Versuche fanden nach einem besonderen Zeitplan in den Erdgeschoßhallen des ehem. Heereszeugamtes, Hannover, statt. Damit waren für alle Teilversuche einheitliche Voraussetzungen hinsichtlich des Ortes, der Witterung, der Beleuchtung usw. sichergestellt.

Die Feststellung der durchschnittlichen täglichen Maurerleistung (reine Maurerarbeit) erfolgte durch Aufmaß, Zählung der verarbeiteten Steine und Abmessung des verarbeiteten Mörtels beim Mauern von Versuchskörpern. Die Gesamtgröße jedes einzelnen Versuchskörpers ergab sich aus der Tagesleistung des Maurers. Jeder Versuchskörper schloß einen Pfeiler, eine Ecke, eine Abtreppung und soviel Fensteröffnungen mit Anschlag ein, daß ihr prozentualer Anteil für jeden Versuchskörper etwa gleich groß war und annähernd den Verhältnissen des Wohnungsbaues entsprach. Außerdem wurde der Arbeitsaufwand für das Verlegen vorgefertigter Stahlbeton-Fensterstürze festgestellt. Die Rüstung wurde entsprechend den Verhältnissen auf der Baustelle dargestellt.

__*Forschungsberichte des Wirtschafts- und Verkehrsministeriums Nordrhein Westfalen*__

Zur Aufstellung der <u>Arbeitsanalyse</u> wurden alle Einzelverrichtungen der reinen Maurerarbeit (Hauptarbeiten, Nebenarbeiten, Ruhe- und Verlustzeiten) lückenlos von Arbeitsbeginn bis Arbeitsende durch Arbeitsschauuhren registriert und zeitlich erfaßt. Dieses Verfahren wurde erstmalig für Zeitaufnahmen im Bauwesen angewendet und schaltet mögliche Fehlerquellen der bisher gebräuchlichen Arbeits- und Zeitstudien aus (Stoppuhr-Messungen)

Für alle Teilversuche kamen drei Maurer - jeweils die gleichen - zum Einsatz, die als Maurer mit guter, aber noch durchschnittlicher Leistungsfähigkeit aus einem größeren Betrieb ausgesucht wurden. Jeder Maurer arbeitete mit jedem Format in 8 1/2-stündiger Arbeitszeit drei aufeinanderfolgende Arbeitstage im Stundenlohn und unter den einheitlichen Voraussetzungen einer gut organisierten Baustelle (Material-Bereitstellung). Bei Ermittlung der durchschnittlichen Maurerleistung und der Einzelwerte blieb für jeden Maurer ein Tag der Einarbeitung (bzw. Unpäßlichkeit) unberücksichtigt, so daß nur die beiden Tage mit der besten Leistung berücksichtigt wurden.

Die Maurer erhielten bindende Anweisungen über Einzelmaße der Versuchskörper, den Mauerverband und die vorteilhaftesten Arbeitsverfahren für jede Steinart.

An arbeitsphysiologischen Untersuchungen wurden durchgeführt:

Ganztätige Pulsregistrierungen an jeweils 2 Maurern während der Verarbeitung aller 18 beteiligten Steinarten. Sie dienten in erster Linie der Feststellung des Bedarfs an Arbeitspausen.

Energieverbrauchsmessungen mit drei Maurern für jedes Format in besonderen Kurzversuchen außerhalb der eigentlichen Arbeitsaufnahmen. Sie dienten in erster Linie der Feststellung des Energieverbrauchs je Stein und je Arbeitstag.

Da aus finanziellen Gründen nicht soviel Steine zur Verfügung standen, daß jeder der 54 Versuchskörper mit neuen Steinen errichtet werden konnte, mußten die Steine mehrfach verarbeitet werden. Durch laufende Überwachung des Steingewichts wurde sichergestellt, daß die Gewichtszunahme durch Feuchtigkeitsaufnahme und Mörtelhaftung das Maß nicht überschritt, mit dem bei ungeschützter Stapelung der Steine auf den Baustellen ebenfalls gerechnet werden muß (12 %).

Forschungsberichte des Wirtschafts- und Verkehrsministeriums Nordrhein Westfalen

---

Nach den Erfahrungen älterer Versuche greift nicht vollständig abgebundener Kalkmörtel, von dem Spuren an den wiederverwendeten Steinen haften bleiben, die Hände der Maurer stark an. Deshalb wurde mit Lehmmörtel gemauert, der in seiner Konsistenz durch entsprechende Beimengung scharfen Sandes dem Kalkmörtel angepaßt ist. Nach den vorliegenden Erfahrungen früherer Versuche wird der Arbeitsaufwand bei der Maurerarbeit durch die Verwendung solchen Lehmmörtels nicht beeinflußt, doch wurde diese Feststellung durch Parallelversuche während der Versuchsreihe erneut überprüft.

Die mittleren Arbeitszeiten für die verschiedenen Größen und Gewichte der gelieferten Gitterziegel gehen aus der nachfolgenden Tabelle hervor.

Das Ergebnis der Untersuchung ist ebenfalls aus dieser Tabelle ersichtlich.

Als günstigstes Ziegelformat erwies sich hiernach das Format 24 x 24 x 23,8 cm (Zweihandstein), bei dem eine mittlere Tagesleistung von 5 cbm gegenüber 1,39 cbm beim Vollziegel erzielt wurde.

Die beste Tagesleistung eines Einhandziegels ergab der Gitterziegel 24 x 17,5 x 11,3 cm (sog. 2,5 NF) mit Fingergriffloch, der eine mittlere Tagesleistung von 3,41 cbm Mauerwerk erreichen ließ.

Die sich als günstigste erwiesenen Gitterziegel 24 x 24 x 23,8 cm bereiten bei der Herstellung fabrikationstechnische Schwierigkeiten. Die Herstellung dieser Ziegel beanspruchte eine mehrtätige Entwicklung und konnte schließlich nur aus einem Schiefermaterial erfolgen, dem zur Porisierung Steinkohle und Flugasche beigemischt war.

Das hohe Gewicht des feuchten plastischen Rohlings läßt eine Transportierung zu den Trockenkammern nur auf vollmechanisiertem Wege zu. Auch dann werden noch starke Deformierungen beobachtet. Ziegeleitechnisch muß daher dieses Format vorerst abgelehnt werden.

Der Gitterziegel des Formates 24 x 17,5 x 11,3 cm läßt sich ziegeleitechnisch einwandfrei herstellen, insbesondere wenn nach dem Abschneiden ein automatisches Drehen des nassen Rohlings um $90°$ erfolgt, so daß der Transport zu den Trockenkammern im liegenden Zustand (Löcher hochgestellt) erfolgt. Mit diesem Ziegel wird eine Maurerleistung erzielt, die das 2,5-fache des Normalziegels beträgt. Die Neben- und Hauptarbeiten sinken ebenfalls wesentlich.

Auf Grund der vorstehenden Erkenntnisse ist nunmehr auf die Herstellung des großformatigen Gitterziegels mit Fingergriffloch übergegangen worden. Das bisher übliche Daumengriffloch ist aufgegeben worden.

3. Zusammenfassung

Arbeitsphysiologische Leistungsuntersuchungen mit fünf in Format und Gewicht verschiedenen Ziegeltypen ergaben, daß die Vermauerungsleistung mit der Größe des Formates erheblich ansteigt. Das günstigste größte Format kann jedoch von der Masse der Ziegeleien nicht hergestellt werden. Das nächst kleinere Format, 24 x 17,5 x 11,3 cm, ergibt gegenüber dem Vollziegel - insbesondere bei Ausstattung mit einem Fingergriffloch - eine wesentliche Steigerung der Vermauerungsleistung und zugleich ins Gewicht fallende herstellungstechnische Vorteile. Auch das nächst kleinere Format, 24 x 11,5 x 11,3 cm, ist von der Masse der Ziegeleien herzustellen und ergibt vermauerungs- und herstellungstechnisch gesehen Vorteile gegenüber dem Vollstein. Die für die Großfertigung getroffene Auswahl der Gitterziegel-Formate stützt sich nicht zuletzt auf die Ergebnisse dieser Forschungsarbeiten.

VIII. Schallversuche an großformatigen Gitterziegeln

Die Gewichtserleichterung des Gitterziegels durch eine große Anzahl von Löchern warf die Frage auf, ob der Gitterziegel den schalltechnischen Anforderungen genügt. Die hierzu erforderlichen schalltechnischen Untersuchungen wurden von Prof. Dr.-Ing. Th. Kristen an der Technischen Hochschule in Braunschweig an 9 m^2 großen Wandflächen durchgeführt.

Die Untersuchungen ergaben:

Material	Roh-bau-dicke mm	Bauzustand	Ge-samt-dicke mm	Schalldämmzahl R in db		
				100-600 Hz	600-3200 Hz	100-3200 Hz
Querlochziegel DIN 4151 A 25 x 12 x 6,5 mit 84 Löchern	250	Kalkzementputz 8 mm	266	44,2	56,7	50,2
Querlochziegel DIN 4151 B 25 x 12 x 10,4 mit 31 Löchern	250	Kalkputz 8 mm Kalkputz 15 mm	266 280	47,2 28,0	58,4 58,7	52,4 52,0

Nr.	Steinart	Mittleres Verarb.-Gewicht kg	Mittlere Tagesleistungen				Mittlere Arbeitsanalysen (in % der tägl. Arbeitszeit von 8 1/2 Stunden)		
			Verarbeit. Steine kg	Gewicht Mörtel kg	Mauerwerk m²	m³	Hauptarb.	Nebenarb.	Arb.Paus.
1	Vollziegel 240/115/71 mm	3,86	3330	940	5,78 (100)	1,39	53,8	33,2	13,0
2	Hochlochziegel 240/115/113 mm	4,26	3130	960	11,37 (197)	2,73	50,7	32,3	17,0
3	Hochlochziegel mit Daumengriffloch x) 240/175/113 mm	5,06	2890	1100	13,14 (227)	3,15	44,5	35,7	19,8
4	Hochlochziegel mit Fingergriffloch x) 240/175/113 mm	6,20	3790	1040	14,21 (246)	3,41	50,8	28,6	20,6
5	Hochlochziegel mit beiderseitiger Nut x) 240/240/238 cmm	14,16	4790	1170	20,84 (360)	5,00	50,1	29,9	20,0

x) Für Pfeiler-, Eck- und Anschlagmauerwerk wurden Hochlochziegel 240/115/113 mm verwendet.

Bekanntlich werden für Wohnungstrennwände mittlere Schalldämmungen von 48 db verlangt. Der Gitterziegel erfüllt damit die Forderung ausreichender Schalldämmung für Wohnungstrennwände.

IX. Untersuchungen zur Frage der Berechtigung der Schalenbauart

Die Neuordnung der Baunormen führte bekanntlich zu eingehenden Untersuchungen über die festigkeits-, wärme- und schalltechnisch günstigsten Wandstärken sowie über die herstellungs- und vermauerungstechnisch günstigsten Lochziegelformate.

Ergebnis dieser Arbeiten ist in Bezug auf den Ziegel die 24-er Außenwand in Höhe von 5 - 6 Stockwerken.

Ausgangspunkt dieser Entwicklung war die alte 38-er Wand in Vollziegeln.

Neben dieser Bauart bestand jedoch in England, Holland, Dänemark und norddeutschen Gebieten die Schalenbauart, deren Kennzeichen eine zwischen der äußeren und inneren Schale durchgeführte Luftschicht ist.

Es war zu untersuchen, ob neben der neuen Einsteinwand aus Hohlziegeln nicht auch die Schalenbauart berechtigt wäre.

Die Klärung schien umso notwendiger, weil

1. gegen diese Bauart von Seiten der Fachwelt erhebliche Bedenken geäußert wurden,

2. weil die Schalenbauart aus Vollziegeln herzustellen ist und damit Absatzgebiet für diejenigen Ziegeleien sein konnte, die rohstoff- und einrichtungsmäßig zur Herstellung von Hohlwaren nicht übergehen können.

Die angestellten Untersuchungen sollten dabei auf die Klärung der Bedenken ausgerichtet werden, die von Seiten der Fachwelt gegen diese Bauart erhoben wurden.

Eingehende wissenschaftliche Untersuchungen und Messungen von W. MULL, H. REIHER und WILKES führten zu der Erkenntnis, daß die nach der bisherigen Meinung mit der Höhe zunehmende Konvektion zwischen den beiden Mauerschalen nicht eintritt. Im Gegenteil, sie nimmt mit der Höhe des Bauwerkes ab. Die von der Baufachwelt vorgeschlagene häufige Unterteilung

Forschungsberichte des Wirtschafts- und Verkehrsministeriums Nordrhein Westfalen

der Luftschicht ist damit untunlich. Die u.a. im Forschungsheim Tutzing erfolgten Messungen führten zu der Auffassung, daß die Luftschicht praktisch von Erdgleiche bis unter das Dach durchgehend zu halten ist.

Die Ventilation führt zwar zu einem Wärmeverlust von ca. 10 %. Dieser kann jedoch in Kauf genommen werden. Die äußere Schale gibt einen vollen Schutz gegen die Außenfeuchtigkeit. Die Ventilation führt auch die Feuchte durch Dampfdiffusion der Innenschale wirksam ab.

Der theoretische Wärmeverlust wird also durch die höhere Wärmedämmung wieder wettgemacht, die durch Trockenhaltung des Ziegels erreicht wird.

Zur Unterhaltung der Ventilation in der inneren Luftschicht werden zweckmäßigerweise oberhalb des Erdgeschoßbodens und unterhalb der Dachtraufe in der äußeren Mauerwerksschale Luftschlitze angeordnet oder es muß ein entsprechender Anteil der Stoßfugen offengehalten werden. Diese Lüftungsschlitze sollen etwa auf 20 qm Wandfläche, Fenster und Türen eingerechnet, eine Fläche von 150 cm^2 aufweisen. Die Luftschicht selbst sollte 7 cm nicht überschreiten.

Es wurde weiter behauptet, daß die Bindersteine zwischen Außen und Innenschale Kälte- und Wärmebrücken darstellten. Dies Bedenken ist stichhaltig. Seit längerem wird die Verbindung zwischen Außen- und Innenschale nicht mehr durch Bindersteine, sondern durch mit Tropfbogen versehene verzinkte Drahtanker herbeigeführt.

Andere Bedenken stützten sich auf bauliche Mängel, wie beispielsweise das Versetzen des Luftschlitzes durch herabfallenden Mörtel.

Ein eingehendes Studium der Schalenbauart - insbesondere in Holland, wo 80 % der Wohnungsbauten in Schalenbauart ausgeführt werden - bestätigte die geschilderten Untersuchungen und Erkenntnisse und zeigte, daß die erhobenen Bedenken großenteils auf unsachgemäße Bauausführung zurückzuführen waren. Es erschien deshalb umso nötiger präzisierte Baurichtlinien aufzustellen. Nach diesen Richtlinien ausgeführte Bauten dürften insbesondere in schlagregenreichen Gebieten ihre Berechtigung auch weiterhin behalten.

Gegenüber der 38-er Außenwand aus Vollziegeln ergibt sich bei der Schalenbauart eine Einsparung an Baustoffen von über 25 % je m^2 Wandfläche und damit eine wesentliche Bauverbilligung.

Forschungsberichte des Wirtschafts- und Verkehrsministeriums Nordrhein Westfalen

X. Meßtechnische Untersuchungen an Ringöfen mit dem Ziel der Steigerung von Produktionsleistungen bei gleichem Brennstoffaufwand

1. Aufgabe

Ziel der Untersuchung war die Ermittlung welcher Feuerfortschritt den günstigsten Wärmeverbrauch ergibt.

2. Durchführung der Untersuchungen

Zu diesem Zweck wurden mit einem 6-Farbenschreiber und Thermoelementen Temperaturmessungen über die Ofenquerschnitte und die Länge der Feuerzonen an 19 verschiedenen Ringöfen durchgeführt.

Es ergaben sich stark variierende Ergebnisse. Die größte Häufigkeit lag bei einem Wärmeverbrauch von $0,33 \times 10^3$ kcal/kg erzeugter Ware, wenn ein durchschnittlicher Ofenausstoß von 55 to pro Tag stattfindet. Mit sinkendem Ofenausstoß steigt der mit Kohle aufzuwendende Wärmebedarf.

Es muß also ein möglichst großer Feuerfortschritt angestrebt werden. Die Grenze des Feuerfortschritts liegt u.a. in zu hohen Temperaturen des Ofengewölbes, so daß ein Arbeiten im Ofen unmöglich wird. Die Erhöhung des Feuerfortschrittes kann durch Ofenverlängerung und Zugsteigerung erreicht werden.

Bei den Messungen zeigten sich häufig starke Unterschiede der Brenntemperaturen in den verschiedenen Querschnitten. Diese Mißstände konnten meist örtlich durch Änderung der Setzweise beseitigt werden.

Zusätzlich zeigte sich, daß die Überwachung der Brenntemperatur durch das Auge des Brenners den heutigen Anforderungen nicht mehr entspricht, da die Urteilsfähigkeit durch die jeweilige Helligkeit (bedeckt, sonnig oder dunkel) beeinträchtigt wird.

Es konnte ferner gezeigt werden, daß die Temperaturüberwachung durch schreibende Pyrometer eine wesentliche Kohleersparnis bei gleichzeitiger, merklicher Verbesserung der Qualität der Ware zur Folge hat.

XI. Untersuchungen mit der neu errichteten Frostanlage

Es wurde vermutet, daß die in den Normen für Mauerziegel und Dachziegel aufgegebenen Untersuchungen zur Prüfung der Frostbeständigkeit nicht mit den in der Praxis auftretenden Erscheinungen in Einklang stehen.

Zum Studium der Verhältnisse wurde eine Frostanlage errichtet, die Frostuntersuchungen bis -30°C vorzunehmen gestattet.

Die in den letzten Wintern nicht nur in Deutschland, sondern auch in den übrigen europäischen Ländern aufgetretenen Frostschäden an Dachziegeln äußerten sich vor allem durch Abplatzungen der Engobe und der obersten Tonschichten. Es wurde eine große Anzahl von Frostversuchen angestellt und mit den entsprechenden Ergebnissen der Praxis verglichen.

Weder die Versuche über den Einfluß der Temperatur beim Aufbringen der Engobe, noch solche unter Abschirmung einer Seite, führten zu einem eindeutigen Ergebnis. Immerhin bestätigt sich nunmehr einwandfrei, daß das in den DIN-Normen vorgeschriebene Verfahren kein verläßliches Urteil über die Bewährung in der Praxis ergibt.

Die Versuche zeigen vielmehr, daß nur ein Verfahren Aussicht auf Erfolg bietet, bei dem die Wassersättigung des Materials, die Frostbeanspruchung - insbesondere in ihrem zeitlichen Ablauf, in ihren Intensität und Häufigkeit - den Beanspruchungen in der Natur entsprechen. Hierzu erscheint es jedoch unerläßlich die Beanspruchungen durch Messungen im eingebauten Zustand unter den vorkommenen klimatischen und örtlichen Verschiedenheiten exakt zu ermitteln.

Die Engobeabplatzungen müssen nach unseren Untersuchungen auf Spannungen zwischen der Engobe und dem Scherben beruhen, die auf unterschiedliche Ausdehnungen beider Materialien zurückzuführen sind. Zur Klärung dieser Frage werden deshalb ergänzend zur Frostprüfung Messungen der Ausdehnungskoeffizienten mit dem Dilatometer erforderlich.

XII. Schlußzusammenfassung

Es wurde über eine Reihe größerer Entwicklungs- und Forschungsarbeiten, über die herstellungs- und festigkeitsmäßige sowie die schall- und wärmetechnische Eignung der Gitterziegel berichtet.

Forschungsberichte des Wirtschafts- und Verkehrsministeriums Nordrhein Westfalen

Diese Arbeiten hatten folgendes Ergebnis:

Der Gitterziegel kann von 80 % der Werke hergestellt werden.

Festigkeitsmäßig gestattet er in den ermittelten Maßen und Formaten den Bau von 5 - 6 Stockwerken hohen Häusern in 24 cm starken Außenwänden. Diese erfüllen zugleich alle Anforderungen bezüglich der Wärme- und Schalldichte.

Bautechnisch ergibt sich eine maßgebliche Einsparung an Arbeit und Material.

Insgesamt ermöglicht der Gitterziegel eine Steigerung der Produktion und eine ins Gewicht fallende Rationalisierung des Bauens.

Damit stellen die Arbeiten zur Einführung des Gitterziegels einen maßgeblichen Beitrag für den Wiederaufbau des Landes dar.

Die durch die vorstehenden Arbeiten erfolgte gute Berücksichtigung aller Anforderungen führte zu einer schnellen Einführung des Gitterziegels, so daß die Werke in ständig steigender Zahl vom Vollstein zum Gitterziegel umstellen können.

Die Arbeiten wurden unterstützt durch das Ministerium für Wirtschaft und Verkehr, durch das Wiederaufbau-Ministerium und durch zahlreiche Stellen und Institute, denen hierdurch für ihre Unterstützung herzlich gedankt sei.

Forschungsberichte des Wirtschafts- und Verkehrsministeriums Nordrhein Westfalen

Anhang

Forschungsberichte des Wirtschafts- und Verkehrsministeriums Nordrhein Westfalen

XIII. Rationalisierungsmaßnahmen der rheinisch-westfälischen Ziegelindustrie

Die Ziegelindustrie ist ausweislich der amtlichen Statistik des Landes Nordrhein-Westfalen an der Herstellung der Baustoffe im Lande Nordrhein-Westfalen mit ca. 60 % beteiligt. Jede Rationationalisierungsmaßnahme bei der Herstellung und Verwendung von Ziegeln wirkt sich demgemäß in bedeutendem Ausmaße auf die Wirtschaftlichkeit des Bauens überhaupt aus.

Vor einigen Jahren hatte es den Anschein, als ob die technische Entwicklung des Mauerziegels, so wie er sich in jahrhundertealter Fertigungstechnik und Verwendung am Bau entwickelt hatte, einen endgültigen Abschluß gefunden hätte. Damit wäre die Ziegelindustrie zur Stagnation, wenn nicht gar zur Rückläufigkeit verurteilt gewesen. Neue Baustoffe, insbesondere Leichtbaustoffe, und neue Bauweisen schienen vor etwa 3 Jahren am Beginn einer stürmischen Aufwärtsentwicklung zu stehen, von der vielfach behauptet wurde, daß sie die Bauwirtschaft revolutionieren würde. Um die angekündigten außergewöhnlichen Umwälzungen auf dem Gebiet der Baustoffherstellung ist es inzwischen recht ruhig geworden. Es hat sich gezeigt, daß sowohl die damals neu auf den Markt gebrachten Baumaterialien als auch die geänderten Bauweisen das Baugeschehen nicht in einem ungewöhnlichen Ausmaße zu beeinflussen vermochten. Zugleich damit hat sich aber auch ergeben, daß die damals angenommene Erstarrung auf dem Gebiet des Ziegels keineswegs eingetreten ist; vielmehr ist durch die intensiven Arbeiten, die auf Grund der Initiative des Fachverbandes Ziegelindustrie Nordrhein-Westfalen und den von ihm gegründeten Instituten durchgeführt wurden, dem Ziegel eine ganz neue, bis dahin ungeahnte Entwicklungsrichtung und neuer Auftrieb gegeben worden.

Entscheidend bei diesen Maßnahmen war die Schaffung des Gitterziegels, insbesondere die Möglichkeit, ihn rationell zu fertigen und wirtschaftlich zu verwenden. Es bedurfte einer Pionierarbeit, um sowohl die Hersteller als auch die Abnehmer, die Architekten sowie die Behörden von der außerordentlichen Bedeutung und den Vorteilen des Gitterziegels zu überzeugen.

Es mußte herausgearbeitet werden, daß der große, über die Maße des normalen Ziegels hinausgehende, leichte und handliche Gitterziegel besonders

Forschungsberichte des Wirtschafts- und Verkehrsministeriums Nordrhein Westfalen

günstige statische und wärmedämmende Eigenschaften besitzt. Der stark gebrochene, um mindestens 100 % verlängerte Wärmedurchflußweg in den Stegen des Gitterziegels verursacht eine Dämmwirkung und verbessert dadurch die Wärmeleitzahl gegenüber dem gleichschweren Vollziegel aber auch anderen Viellochziegeln gegenüber erheblich, und zwar um 16,28 %.

Die großen Formate (1,6 bzw. 2,5-fache Größe des Normalziegelformates) verringern den Fugenanteil im Mauerwerk und somit Kälte- und Feuchtigkeitsbrücken. Die Brechung der Stege im Gitterziegel verursacht zudem eine Stauwirkung gegenüber eindringender Feuchtigkeit, z.B. bei Schlagregen, und verhindert ein Durchfeuchten der Wand.

24er Gitterziegelwände genügen auch den Forderungen des Schallschutzes in bester Weise.

<u>Der große Rationalisierungseffekt des Gitterziegels liegt am erkennbarsten darin, daß bei Verwendung des normgerechten Gitterziegels die Standardwandstärke für Außenmauern nicht mehr 38 cm zu sein braucht, wie es seit Jahrzehnten bei allen mehrgeschossigen Häusern der Fall war, sondern daß nunmehr die Außenwände nur mehr 24 cm stark zu sein brauchen und zwar im Wärmedämmgebiet II bei Bauten bis zu 5 Geschossen einschl. Kellergeschoß.</u>

Die Steinrohwichte der Gitterziegel liegen meist unter $1,2$ kg/dm^3. Eine wesentliche Verbesserung der Wärmeleitzahl wird aber noch durch die 100 % Verlängerung des Wärmedurchflußweges in den Stegen erreicht. Die Wärmeleitzahl von Gitterziegeln liegt je nach Dichte des Scherbens zwischen $\lambda = 0,20$ und $0,28$ kcal/mh°C, diejenige des Mauerwerkes zwischen $\lambda = 0,25$ und $0,35$ kcal/mh°C. Die ermittelte Wärmedurchlaßzahl für eine beiderseits verputzte 24er Gitterziegelwand betrug nur $\Lambda = 1,05$ kcal/m^{2}h°C, wobei die verwandten Gitterziegel die hohe mittlere Druckfestigkeit von 231 kg/cm^2 aufwiesen. Eine 24 cm dicke Gitterziegelwand besitzt eine um 40 % höhere Wärmedämmung als eine 38 cm Vollziegelwand. Bei sehr hoher Druckfestigkeit erreicht der Gitterziegel die Isolationsfähigkeit hochwertiger Leichtbaustoffe.

Die neuen Gitterziegel gemäß DIN 105 besitzen alle die Eigenschaften, die der Baufachmann an ein gutes Wandbauelement stellt:

1. eine ausreichende Druckfestigkeit,
2. gutes Wärmedämmvermögen,
3. hohe Wärmespeicherfähigkeit
4. gute Schalldämmung
5. mäßiges Gewicht
6. gute wohnhygienische Vorbedingungen.

Der Gitterziegel vereinigt die oben angeführten Eigenschaften in einem auffallend hohen Maße. In der Summierung dieser günstigen physikalischen Eigenschaften liegt der Fortschritt und die Einmaligkeit des Gitterziegels als neuzeitliches Bauelement.

Die sorgfältigen Ermittlungen hinsichtlich der Kostensenkung bei Verwendung von Gitterziegeln haben nach Arch. G. PFISTER und Ing. K. PFISTER, Freiburg i.Br., folgende Zahlenwerte ergeben:

Ersparnisse: (ca)

	bei 1 cbm Mauerwerk
an Transportkosten	25 %
an Mörtel	27 %
am Mauerwerk	32 %
	bei 1 m² Mauerwerk
bei Ziegelkosten	32 %
bei Transportkosten	50 %
bei Mörtel	53 %
bei Lohn	51 %

Vorstehende Zahlen gelten im Vergleich zu den bisher üblichen und normmäßig erforderlichen Vollziegelwänden.

Bezüglich der fabrikatorischen Seite der Herstellung des Gitterziegels und der wirtschaftlichen Voraussetzungen hierfür sei auf folgendes hingewiesen:

Ehe es möglich wurde, einen einwandfreien Gitterziegel in der vorbezeichneten Art herzustellen, mußte eine eingehende technische Beratung der Ziegelwerke mit sorgfältigen Betriebsprüfungen durchgeführt werden. Aus eigener Kraft und mit den vorhandenen technischen Hilfsmitteln wären die meisten Werke nicht in der Lage gewesen, diese Umstellung vorzunehmen.

Forschungsberichte des Wirtschafts- und Verkehrsministeriums Nordrhein Westfalen

Die Umstellung auf die Gitterziegelfertigung erforderte für den Durchschnitt der Ziegeleien eine erhebliche Veränderung der vorhandenen Produktionseinrichtungen. Vielfach ist die Anschaffung einer neuen hochwertigen Presse, teils mit Vakuumeinrichtung, erforderlich gewesen. Auch die Trockeneinrichtungen bedurften in den meisten Fällen eines kostspieligen Umbaues. Der Übergang zur Gitterziegelfertigung ist noch in vollem Fluß. Nur ein Bruchteil der Werke, die die Umstellung vollziehen können, haben dies bisher getan. Finanzierungsschwierigkeiten sind der Hauptgrund dafür, daß noch nicht mehr Werke die Gitterziegelfertigung aufgenommen haben. Die Absicht, dies zu tun, besteht aber bei fast allen Betrieben, die die Gitterziegelfertigung noch nicht aufgenommen haben. Die technische Beratung durch geeignete fachkundige Stellen, die hierbei erforderlich ist, muß also fortgesetzt werden.

Aber auch hinsichtlich der Verwendung des Gitterziegels sind weiterhin intensive Anstrengungen erforderlich, da schätzungsweise z.Zt. noch keine 15 % der Bauten, die für eine Ausführung in Gitterziegeln infrage kommen, mit diesem Material erstellt werden.

Anhand der oben angegebenen Zahlen ist leicht zu erkennen, welche volkswirtschaftlichen Werte zunächst nutzlos vertan werden, wenn nicht die Umstellung zur Fertigung der Gitterziegel und zu deren Verwendung weiterhin gefördert wird.

Für die Ziegelindustrie bedeutet die Gitterziegelfertigung die Herstellung eines erheblich höherwertigeren Erzeugnisses. Damit steigen die Anforderungen an die Produktionstechnik der Ziegelindustrie überhaupt. Es treten neue Aufbereitungsprobleme auf, die Trocknungsvorgänge müssen genauer erforscht werden und Verschleißfestigkeitsfragen an den Pressen stellen besondere Aufgaben. Frostbeständigkeit, Auswirkungen schädlicher Materialeinschlüsse bei den Rohstoffen, Strukturenbilder spielen nunmehr bei der geringen Stärke der Stege und auch des Mauerwerkes selbst eine viel wichtigere Rolle als früher.

Alle diese hiermit zusammenhängenden Aufgaben sind ohne ein Prüf- und Forschungsinstitut in der Ziegelindustrie nicht zu leisten. Die einzelnen Werke können bei weitem nicht die finanziellen Mittel aufwenden, die notwendig wären, um auch nur in etwa die produktionstechnischen Prüfungen durchzuführen, die nunmehr unvermeidlich sind.

Forschungsberichte des Wirtschafts- und Verkehrsministeriums Nordrhein Westfalen

Der Fachverband Ziegelindustrie Nordrhein-Westfalen hat für die einschlägigen Forschungs- und Prüfaufgaben in den letzten Jahren über DM 500 000,- aufgewendet. Damit ist bis an die Grenze des finanziell Tragbaren gegangen worden. Die wertvollen Ergebnisse, die inzwischen erarbeitet worden sind, dürfen nicht dadurch gefährdet werden, daß die Arbeiten, die im besten Flusse sind, nicht fortgeführt werden können.

Welche technischen Probleme im einzelnen bisher im Prüf- und Forschungsinstitut der Ziegelindustrie Nordrhein-Westfalen behandelt worden sind, ergibt sich aus den bereits vorliegenden Berichten des Institutes.

FORSCHUNGSBERICHTE DES WIRTSCHAFTS- UND VERKEHRSMINISTERIUMS NORDRHEIN-WESTFALEN

Herausgegeben von Staatssekretär Prof. Leo Brandt

Heft 1:
Prof. Dr.-Ing. Eugen Flegler, Aachen
Untersuchungen oxydischer Ferromagnet-Werkstoffe

Heft 2:
Prof. Dr. phil. Walter Fuchs, Aachen
Untersuchungen über absatzfreie Teeröle

Heft 3:
Techn.-Wissenschaftl. Büro für die Bastfaserindustrie, Bielefeld
Untersuchungsarbeiten zur Verbesserung des Leinenwebstuhls

Heft 4:
Prof. Dr. E. A. Müller u. Dipl.-Ing. H. Spitzer, Dortmund
Untersuchungen über die Hitzebelastung in Hüttenbetrieben

Heft 5:
Dipl.-Ing. Werner Fister, Aachen
Prüfstand der Turbinenuntersuchungen

Heft 6:
Prof. Dr. phil. Walter Fuchs, Aachen
Untersuchungen über die Zusammensetzung und Verwendbarkeit von Schwelteerfraktionen

Heft 7:
Prof. Dr. phil. Walter Fuchs, Aachen
Untersuchungen über emsländisches Petrolatum

Heft 8:
Maria Elisabeth Meffert und Heinz Stratmann, Essen
Algen-Großkulturen im Sommer 1951

Heft 9:
Techn.-Wissenschaftl. Büro für die Bastfaserindustrie, Bielefeld
Untersuchungen über die zweckmäßige Wicklungsart von Leinengarnkreuzspulen unter Berücksichtigung der Anwendung hoher Geschwindigkeiten des Garnes
Vorversuche für Zetteln und Schären von Leinengarnen auf Hochleistungsmaschinen

Heft 10:
Prof. Dr. Wilhelm Vogel, Köln
„Das Streifenpaar" als neues System zur mechanischen Vergrößerung kleiner Verschiebungen und seine technischen Anwendungsmöglichkeiten

Heft 11:
Laboratorium für Werkzeugmaschinen und Betriebslehre, Technische Hochschule Aachen
1. Untersuchungen über Metallbearbeitung im Fräsvorgang mit Hartmetallwerkzeugen und negativem Spanwinkel
2. Weiterentwicklung des Schleifverfahrens für die Herstellung von Präzisionswerkstücken unter Vermeidung hoher Temperaturen
3. Untersuchung von Oberflächenveredlungsverfahren zur Steigerung der Belastbarkeit hochbeanspruchter Bauteile

Heft 12:
Elektrowärme-Institut, Langenberg (Rhld.)
Induktive Erwärmung mit Netzfrequenz

Heft 13:
Techn.-Wissenschaftl. Büro für die Bastfaserindustrie, Bielefeld
Das Naßspinnen von Bastfasergarnen mit chemischen Zusätzen zum Spinnbad

Heft 14:
Forschungsstelle für Acetylen, Dortmund
Untersuchungen über Aceton als Lösungsmittel für Acetylen

Heft 15:
Wäschereiforschung Krefeld
Trocknen von Wäschestoffen

Heft 16:
Max-Planck-Institut für Kohlenforschung, Mülheim a. d. Ruhr
Arbeiten des MPI für Kohlenforschung

Heft 17:
Ingenieurbüro Herbert Stein, M. Gladbach
Untersuchung der Verzugsvorgänge in den Streckwerken verschiedener Spinnereimaschinen. 1. Bericht: Vergleichende Prüfung mit verschiedenen Dickenmeßgeräten

Heft 18:
Wäschereiforschung Krefeld
Grundlagen zur Erfassung der chemischen Schädigung beim Waschen

Heft 19:
Techn.-Wissenschaftl. Büro für die Bastfaserindustrie, Bielefeld
Die Auswirkung des Schlichtens von Leinengarnketten auf den Verarbeitungswirkungsgrad, sowie die Festigkeits- und Dehnungsverhältnisse der Garne und Gewebe

Heft 20:
Techn.-Wissenschaftl. Büro für die Bastfaserindustrie, Bielefeld
Trocknung von Leinengarnen I
Vorgang und Einwirkung auf die Garnqualität

Heft 21:
Techn.-Wissenschaftl. Büro für die Bastfaserindustrie, Bielefeld
Trocknung von Leinengarnen II
Spulenanordnung und Luftführung beim Trocknen von Kreuzspulen

Heft 22:
Techn.-Wissenschaftl. Büro für die Bastfaserindustrie, Bielefeld
Die Reparaturanfälligkeit von Webstühlen

Heft 23:
Institut für Starkstromtechnik, Aachen
Rechnerische und experimentelle Untersuchungen zur Kenntnis der Metadyne als Umformer von konstanter Spannung auf konstanten Strom

Heft 24:
Institut für Starkstromtechnik, Aachen
Vergleich verschiedener Generator-Metadyne-Schaltungen in bezug auf statisches Verhalten

Heft 25:
Gesellschaft für Kohlentechnik mbH., Dortmund-Eving
Struktur der Steinkohlen und Steinkohlen-Kokse

Heft 26:
Techn.-Wissenschaftl. Büro für die Bastfaserindustrie, Bielefeld
Vergleichende Untersuchungen zweier neuzeitlicher Ungleichmäßigkeitsprüfer für Bänder und Garne hinsichtlich Ihrer Eignung für die Bastfaserspinnerei

Heft 27:
Prof. Dr. E. Schratz, Münster
Untersuchungen zur Rentabilität des Arzneipflanzenanbaues
Römische Kamille, Anthemis nobilis L.

Heft: 28:
Prof. Dr. E. Schratz, Münster
Calendula officinalis L.
Studien zur Ernährung, Blütenfüllung und Rentabilität der Drogengewinnung

Heft 29:
Techn.-Wissenschaftl. Büro für die Bastfaserindustrie, Bielefeld
Die Ausnützung der Leinengarne in Geweben

Heft 30:
Gesellschaft für Kohlentechnik mbH., Dortmund-Eving
Kombinierte Entaschung und Verschwelung von Steinkohle; Aufarbeitung von Steinkohlenschlämmen zu verkokbarer oder verschwelbarer Kohle

Heft 31:
Dipl.-Ing. Störmann, Essen
Messung des Leistungsbedarfs von Doppelsteg-Kettenförderern

Heft 32:
Techn.-Wissenschaftl. Büro für die Bastfaserindustrie, Bielefeld
Der Einfluß der Natriumchloridbleiche auf Qualität und Verwebbarkeit von Leinengarnen und die Eigenschaften der Leinengewebe unter besonderer Berücksichtigung des Einsatzes von Schützen- und Spulenwechselautomaten in der Leinenweberei

Heft 33:
Kohlenstoffbiologische Forschungsstation e. V.
Eine Methode zur Bestimmung von Schwefeldioxyd und Schwefelwasserstoff in Rauchgasen und in der Atmosphäre

Heft 34:
Textilforschungsanstalt Krefeld
Quellungs- und Entquellungsvorgänge bei Faserstoffen

Heft 35:
Professor Dr. Wilhelm Kast, Krefeld
Feinstrukturuntersuchungen an künstlichen Zellulosefasern verschiedener Herstellungsverfahren

Heft 36:
Forschungsinstitut der feuerfesten Industrie, Bonn
Untersuchungen über die Trocknung von Rohton. Untersuchungen über die chemische Reinigung von Silika- und Schamotte-Rohstoffen mit chlorhaltigen Gasen

Heft 37:
Forschungsinstitut der feuerfesten Industrie, Bonn
Untersuchungen über den Einfluß der Probenvorbereitung auf die Kaltdruckfestigkeit feuerfester Steine

Heft 38:
Forschungsstelle für Acetylen, Dortmund
Untersuchungen über die Trocknung von Acetylen zur Herstellung von Dissousgas

Heft 39:
Forschungsgesellschaft Blechverarbeitung e. V., Düsseldorf
Untersuchungen an prägegemusterten und vorgelochten Blechen

Heft 40:
Landesgeologe Dr.-Ing. W. Wolff, Amt für Bodenforschung, Krefeld
Untersuchungen über die Anwendbarkeit geophysikalischer Verfahren zur Untersuchung von Spateisengängen im Siegerland

Heft 41:
Techn.-Wissenschaftl. Büro für die Bastfaserindustrie, Bielefeld
Untersuchungsarbeiten zur Verbesserung des Leinenwebstuhles II

Heft 42:
Professor Dr. Burckhardt Helferich, Bonn
Untersuchungen über Wirkstoffe — Fermente — in der Kartoffel und die Möglichkeit ihrer Verwendung

Heft 43:
Forschungsgesellschaft Blechverarbeitung e. V., Düsseldorf
Forschungsergebnisse über das Beizen von Blechen

Heft 44:
Arbeitsgemeinschaft für praktische Dehnungsmessung, Düsseldorf
Eigenschaften und Anwendungen von Dehnungsmeßstreifen

Heft 45:
Losenhausenwerk Düsseldorfer Maschinenbau AG., Düsseldorf
Untersuchungen von störenden Einflüssen auf die Lastgrenzenanzeige von Dauerschwingprüfmaschinen

Heft 46:
Professor Dr. phil. W. Fuchs, Aachen
Untersuchungen über die Aufbereitung von Wasser für die Dampferzeugung in Benson-Kesseln

Heft 47:
Prof. Dr.-Ing. habil. Karl Krekeler, Aachen
Versuche über die Anwendung der induktiven Erwärmung zum Sintern von hochschmelzenden Metallen sowie zur Anlegierung und Vergütung von aufgespritzten Metallschichten mit dem Grundwerkstoff.

Heft 48:
Max-Planck-Institut für Eisenforschung, Düsseldorf
Spektrochemische Analyse der Gefügebestandteile in Stählen nach ihrer Isolierung

Heft 49:
Max-Planck-Institut für Eisenforschung, Düsseldorf
Untersuchungen über Ablauf der Desoxydation und die Bildung von Einschlüssen in Stählen

Heft 50:
Max-Planck-Institut für Eisenforschung, Düsseldorf
Flammenspektralanalytische Untersuchung der Ferritzusammensetzung in Stählen

Heft 51:
Verein zur Förderung von Forschungs- und Entwicklungsarbeiten in der Werkzeugindustrie e. V., Remscheid
Untersuchungen an Kreissägeblättern für Holz, Fehler- und Spannungsprüfverfahren

Heft 52:
Forschungsstelle für Azetylen, Dortmund
Untersuchungen über den Umsatz bei der explosiblen Zersetzung von Azetylen
a) Zersetzung von gasförmigem Azetylen,
b) Zersetzung von an Silikagel adsorbiertem Azetylen

Heft 53:
Professor Dr.-Ing. H. Opitz, Aachen
Reibwert- und Verschleißmessungen an Kunststoffgleitführungen für Werkzeugmaschinen

Heft 54:
Professor Dr.-Ing. habil. F. A. F. Schmidt, Aachen
Schaffung von Grundlagen für die Erhöhung der spez. Leistung und Herabsetzung des spez. Brennstoffverbrauches bei Ottomotoren mit Teilbericht über Arbeiten an einem neuen Einspritzverfahren

Heft 55:
Forschungsgesellschaft Blechverarbeitung, Düsseldorf
Chemisches Glänzen von Messing und Neusilber

Heft 56:
Forschungsgesellschaft Blechverarbeitung, Düsseldorf
Untersuchungen über einige Probleme der Behandlung von Blechoberflächen

Heft 57:
Prof. Dr.-Ing. habil. F. A. F. Schmidt, Aachen
Untersuchungen zur Erforschung des Einflusses des chemischen Aufbaues des Kraftstoffes auf sein Verhalten im Motor und in Brennkammern von Gasturbinen.

Heft 58:
Gesellschaft für Kohlentechnik m. b. H., Dortmund
Herstellung und Untersuchung von Steinkohlenschwelteer.

Heft 59:
Forschungsinstitut der Feuerfest-Industrie, Bonn
Ein Schnellanalysenverfahren zur Bestimmung von Aluminiumoxyd, Eisenoxyd und Titanoxyd in feuerfestem Material mittels organischer Farbreagenzien auf photometrischem Wege
Untersuchungen des Alkali-Gehaltes feuerfester Stoffe mit dem Flammenphotometer nach Riehm-Lange

Heft 60:
Forschungsgesellschaft Blechverarbeitung e. V., Düsseldorf
Untersuchungen über das Spritzlackieren im elektrostatischen Hochspannungsfeld

Heft 61:
Verein zur Förderung von Forschungs- und Entwicklungsarbeiten in der Werkzeugindustrie e. V., Remscheid
Schwingungs- und Arbeitsverhalten von Kreissägeblättern für Holz

Heft 62:
Professor Dr. W. Franz, Institut für theoretische Physik der Universität Münster
Berechnung des elektrischen Durchschlags durch feste und flüssige Isolatoren

Heft 63:
Textilforschungsanstalt Krefeld
Neue Methoden zur Untersuchung der Wirkungsweise von Textilhilfsmitteln
Untersuchungen über Schlichtungs- und Entschlichtungsvorgänge

Heft 64:
Textilforschungsanstalt Krefeld
Die Kettenlängenverteilung von hochpolymeren Faserstoffen
Über die fraktionierte Fällung von Polyamiden

Heft 65:
Fachverband Schneidwarenindustrie, Solingen
Untersuchungen über das elektrolytische Polieren von Tafelmesserklingen aus rostfreiem Stahl

Heft 66:
Dr.-Ing. Peter Füsgen VDI †, Düsseldorf
Untersuchungen über das Auftreten des Ratterns bei selbsthemmenden Schneckengetrieben und seine Verhütung

Heft 67:
Heinrich Wösthoff o. H. G., Apparatebau, Bochum
Entwicklung einer chemisch-physikalischen Apparatur zur Bestimmung kleinster Kohlenoxyd-Konzentrationen

Heft 68:
Kohlenstoffbiologische Forschungsstation e. V., Essen
Algengroßkulturen im Sommer 1952
II. Über die unsterile Großkultur von Scenedesmus obliquus

Heft 69:
Wäschereiforschung Krefeld
Bestimmung des Faserabbaues bei Leinen unter besonderer Berücksichtigung der Leinengarnbleiche

Heft 70:
Wäschereiforschung Krefeld
Trocknen von Wäschestoffen

Heft 71:
Prof. Dr.-Ing. K. Leist, Aachen
Kleingasturbinen, insbesondere zum Fahrzeugantrieb

Heft 72:
Prof. Dr.-Ing. K. Leist, Aachen
Beitrag zur Untersuchung von stehenden geraden Turbinengittern mit Hilfe von Druckverteilungsmessungen

Heft 73:
Prof. Dr.-Ing. K. Leist, Aachen
Spannungsoptische Untersuchungen von Turbinenschaufelfüßen

Heft 74:
Max-Planck-Institut für Eisenforschung, Düsseldorf
Versuche zur Klärung des Umwandlungsverhaltens eines sonderkarbidbildenden Chromstahls

Heft 75:
Max-Planck-Institut für Eisenforschung, Düsseldorf
Zeit-Temperatur-Umwandlungs-Schaubilder als Grundlage der Wärmebehandlung der Stähle

Heft 76:
Max-Planck-Institut für Arbeitsphysiologie, Dortmund
Arbeitstechnische und arbeitsphysiologische Rationalisierung von Mauersteinen

Heft 77:
Meteor Apparatebau Paul Schmeck G. m. b. H., Siegen
Entwicklung von Leuchtstoffröhren hoher Leistung

Heft 78:
Forschungsstelle für Acetylen, Dortmund
Über die Zustandsgleichung des gasförmigen Acetylens und das Gleichgewicht Acetylen—Aceton

Heft 79:
Techn.-Wissenschaftl. Büro für die Bastfaserindustrie, Bielefeld
Trocknung von Leinengarnen III
Spinnspulen- und Spinnkopstrocknung
Vorgang und Einwirkung auf die Garnqualität

Heft 80:
Techn.-Wissenschaftl. Büro für die Bastfaserindustrie, Bielefeld
Die Verarbeitung von Leinengarn auf Webstühlen mit und ohne Oberbau

Heft 81:
Prüf- und Forschungsinstitut für Ziegeleierzeugnisse, Essen-Kray
Die Einführung des großformatigen Einheits-Gitterziegels im Lande Nordrhein-Westfalen

Heft 82:
Vereinigte Aluminium-Werke AG., Bonn
Forschungsarbeiten auf dem Gebiet der Veredelung von Aluminium-Oberflächen

Heft 83:
Prof. Dr. S. Strugger, Münster
Über die Struktur der Proplastiden

Heft 84:
Dr. med. habil., Dr. phil. H. Baron, Düsseldorf
Über Standardisierung von Wundtextilien

Heft 85:
Textilforschungsanstalt Krefeld
Physikalische Untersuchungen an Fasern, Fäden, Garnen und Geweben:
Untersuchungen am Knickscheuergerät nach Weltzien

Heft 86:
Professor Dr.-Ing. H. Opitz, Aachen
Untersuchungen über das Fräsen von Baustahl sowie über den Einfluß des Gefüges auf die Zerspanbarkeit

Heft 87:
Gemeinschaftsausschuß Verzinken, Düsseldorf
Untersuchungen über Güte von Verzinkungen

Heft 88:
Gesellschaft für Kohlentechnik mbH., Dortmund-Eving
Oxydation von Steinkohle mit Salpetersäure

Heft 89:
Verein Deutscher Ingenieure, Gleitlagerforschung, Düsseldorf und Prof. Dr.-Ing. G. Vogelpohl, Göttingen
Versuche mit Preßstoff-Lagern für Walzwerke

Heft 90:
Forschungs-Institut der Feuerfest-Industrie, Bonn
Das Verhalten von Silikasteinen im Siemens-Martin-Ofengewölbe

Heft 91:
Forschungs-Institut der Feuerfest-Industrie, Bonn
Untersuchungen des Zusammenhangs zwischen Leistung und Kohlenverbrauch von Kammeröfen zum Brennen von feuerfesten Materialien

Heft 92:
Techn.-Wissenschaftl. Büro für die Bastfaserindustrie, Bielefeld und Laboratorium für textile Meßtechnik, M.-Gladbach
Messungen von Vorgängen am Webstuhl

Heft 93:
Prof. Dr. W. Kast, Krefeld
Spinnversuche zur Strukturerfassung künstlicher Zellulosefasern

Heft 94:
Prof. Dr. phil. habil. G. Winter, Bonn
Die Heilpflanzen des MATTHIOLUS (1611) gegen Infektionen der Harnwege und Verunreinigung der Wunden bzw. zur Förderung der Wundheilung im Lichte der Antibiotikaforschung

Heft 95:
Prof. Dr. phil. habil. G. Winter, Bonn
Untersuchungen über die flüchtigen Antibiotika aus der Kapuziner- (Tropaeolum maius) und Gartenkresse (Lepidium sativum) und ihr Verhalten im menschlichen Körper bei Aufnahme von Kapuziner- bzw. Gartenkressensalat per os

Heft 96:
Dr.-Ing. P. Koch, Dortmund
Austritt von Exoelektronen aus Metalloberflächen unter Berücksichtigung der Verwendung des Effektes für die Materialprüfung

Heft 97:
Ing. H. Stein, M.-Gladbach
Laboratorium für textile Meßtechnik
Untersuchung der Verzugsvorgänge an den Streckwerken verschiedener Spinnereimaschinen
2. Bericht: Ermittlung der Haft-Gleiteigenschaften von Faserbändern und Vorgarnen

Heft 98:
Fachverband Gesenkschmieden, Hagen
Die Arbeitsgenauigkeit beim Gesenkschmieden unter Hämmern

Heft 99:
Prof. Dr.-Ing. G. Garbotz, Aachen
Der Kraft- und Arbeitsaufwand sowie die Leistungen beim Biegen von Bewehrungsstählen in Abhängigkeit von den Abmessungen, den Formen und der Güte der Stähle (Ermittlung von Leistungsrichtlinien)

Heft 100:
Prof. Dr.-Ing. H. Opitz, Aachen
Untersuchungen von elektrischen Antrieben, Steuerungen und Regelungen an Werkzeugmaschinen

VERÖFFENTLICHUNGEN DER ARBEITSGEMEINSCHAFT FÜR FORSCHUNG DES LANDES NORDRHEIN-WESTFALEN

Im Auftrage des Ministerpräsidenten Karl Arnold

Herausgegeben von Staatssekretär Prof. Leo Brandt

Heft 1:
Prof. Dr.-Ing. Friedrich Seewald, Technische Hochschule Aachen
Neue Entwicklungen auf dem Gebiete der Antriebsmaschinen
Prof. Dr.-Ing. Friedrich A. F. Schmidt, Technische Hochschule Aachen
Technischer Stand und Zukunftsaussichten der Verbrennungsmaschinen, insbesondere der Gasturbinen
Dr.-Ing. R. Friedrich, Siemens-Schuckert-Werke A.-G., Mülheimer Werk
Möglichkeiten und Voraussetzungen der industriellen Verwertung der Gasturbine

Heft 2:
Prof. Dr.-Ing. Wolfgang Riezler, Universität Bonn
Probleme der Kernphysik
Prof. Dr. phil. Fritz Micheel, Universität Münster,
Isotope als Forschungsmittel in der Chemie und Biochemie

Heft 3:
Prof. Dr. med. Emil Lehnartz, Universität Münster
Der Chemismus der Muskelmaschine
Prof. Dr. med. Gunther Lehmann, Direktor des Max-Planck-Instituts für Arbeitsphysiologie, Dortmund
Physiologische Forschung als Voraussetzung der Bestgestaltung der menschlichen Arbeit
Prof. Dr. Heinrich Kraut, Max-Planck-Institut für Arbeitsphysiologie, Dortmund
Ernährung und Leistungsfähigkeit

Heft 4:
Prof. Dr. Franz Wever, Max-Planck-Institut für Eisenforschung, Düsseldorf
Aufgaben der Eisenforschung
Prof. Dr.-Ing. Hermann Schenck, Technische Hochschule Aachen
Entwicklungslinien des deutschen Eisenhüttenwesens
Prof. Dr.-Ing. Max Haas, Techn. Hochschule Aachen
Wirtschaftliche und technische Bedeutung der Leichtmetalle und ihre Entwicklungsmöglichkeiten

Heft 5:
Prof. Dr. med. Walter Kikuth, Medizinische Akademie Düsseldorf
Virusforschung
Prof. Dr. Rolf Danneel, Universität Bonn
Fortschritte der Krebsforschung
Prof. Dr. med. Dr. phil. W. Schulemann, Univ. Bonn
Wirtschaftliche und organisatorische Gesichtspunkte für die Verbesserung unserer Hochschulforschung

Heft 6:
Prof. Dr. Walter Weizel, Institut für theoretische Physik, Bonn
Die gegenwärtige Situation der Grundlagenforschung in der Physik
Prof. Dr. Siegfried Strugger, Universität Münster
Das Duplikantenproblem in der Biologie
Prof. Dr. Rolf Danneel, Universität Bonn
Über das Verhalten der Mitochondrien bei der Mitose der Mesenchymzellen des Hühner-Embryos
Direktor Dr. Fritz Gummert, Ruhrgas A.-G., Essen
Überlegungen zu den Faktoren Raum und Zeit im biologischen Geschehen und Möglichkeiten einer Nutzanwendung

Heft 7:
Prof. Dr.-Ing. August Götte, Technische Hochschule Aachen
Steinkohle als Rohstoff und Energiequelle
Prof. Dr. e. h. Karl Ziegler, Max-Planck-Institut für Kohlenforschung Mülheim a. d. Ruhr
Über Arbeiten des Max-Planck-Instituts für Kohlenforschung

Heft 8:
Prof. Dr.-Ing. Wilhelm Fucks, Technische Hochschule Aachen
Die Naturwissenschaft, die Technik und der Mensch
Prof. Dr. sc. pol. Walther Hoffmann, Universität Münster
Wirtschaftliche und soziologische Probleme des technischen Fortschritts

Heft 9:
Prof. Dr.-Ing. Franz Bollenrath, Technische Hochschule Aachen
Zur Entwicklung warmfester Werkstoffe
Dr. Heinrich Kaiser, Staatl. Materialprüfungsamt Dortmund
Stand spektralanalytischer Prüfverfahren und Folgerung für deutsche Verhältnisse

Heft 10:
Prof. Dr. Hans Braun, Universität Bonn
Möglichkeiten und Grenzen der Resistenzzüchtung
Prof. Dr.-Ing. Carl Heinrich Dencker, Universität Bonn
Der Weg der Landwirtschaft von der Energieautarkie zur Fremdenergie

Heft 11:
Prof. Dr.-Ing. Herwart Opitz, Technische Hochschule Aachen
Entwicklungslinien der Fertigungstechnik in der Metallbearbeitung
Prof. Dr.-Ing. Karl Krekeler, Technische Hochschule Aachen
Stand und Aussichten der schweißtechnischen Fertigungsverfahren

Heft: 12
Dr. Hermann Rathert, Mitglied des Vorstandes der Vereinigten Glanzstoff-Fabriken A.-G., Wuppertal-Elberfeld
Entwicklung auf dem Gebiet der Chemiefaser-Herstellung
Prof. Dr. Wilhelm Weltzien, Direktor der Textilforschungsanstalt Krefeld
Rohstoff und Veredlung in der Textilwirtschaft

Heft: 13
Dr.-Ing. e. h. Karl Herz, Chefingenieur im Bundesministerium für das Post- und Fernmeldewesen Frankfurt a. Main
Die technischen Entwicklungstendenzen im elektrischen Nachrichtenwesen
Ministerialdirektor Dipl.-Ing. Leo Brandt, Düsseldorf
Navigation und Luftsicherung

Heft 14:
Prof. Dr. Burckhardt Helferich, Universität Bonn
Stand der Enzymchemie und ihre Bedeutung
Prof. Dr. med. Hugo W. Knipping, Direktor der Med. Universitätsklinik Köln
Ausschnitt aus der klinischen Carcinomforschung am Beispiel des Lungenkrebses

Heft 15:
Prof. Dr. Abraham Esau, Technische Hochschule Aachen
Die Bedeutung von Wellenimpulsverfahren in Technik und Natur
Prof. Dr.-Ing. Eugen Flegler, Technische Hochschule Aachen
Die ferromagnetischen Werkstoffe in der Elektrotechnik und ihre neueste Entwicklung

Heft 16:
Prof. Dr. rer. pol. Rudolf Seyffert, Universität Köln
Die Problematik der Distribution
Prof. Dr. rer. pol. Theodor Beste, Universität Köln
Der Leistungslohn

Heft 17:
Prof. Dr.-Ing. Friedrich Seewald, Technische Hochschule Aachen
Die Flugtechnik und ihre Bedeutung für den allgemeinen technischen Fortschritt
Prof. Dr.-Ing. Edouard Houdremont, Essen
Art und Organisation der Forschung in einem Industriekonzern

Heft 18:
Prof. Dr. med. Dr. phil. W. Schulemann, Universität Bonn
Theorie und Praxis pharmakologischer Forschung
Prof. Dr. Wilhelm Groth, Direktor des Physikalisch-Chemischen Instituts, Universität Bonn
Technische Verfahren zur Isotopentrennung

Heft 19:
Dipl.-Ing. Kurt Traenckner, Stellvertr. Vorstandsmitglied der Ruhrgas-A.G., Essen
Entwicklungstendenzen der Gaserzeugung

Heft 20:
M. Zvegintzov
Wissenschaftliche Forschung und die Auswertung ihrer Ergebnisse. Ziel und Tätigkeit der National Research Development Corporation
Dr. Alexander King, Department of Scientific & Industrial Research, London
Wissenschaft und internationale Beziehungen

Heft 21:
Prof. Dr. phil. Robert Schwarz, Aachen
Wesen und Bedeutung der Silicium-Chemie
Prof. Dr. Kurt Alder, Universität Köln
Fortschritte in der Synthese von Kohlenstoffverbindungen

Heft 21 a
Jahresfeier der Arbeitsgemeinschaft für Forschung des Landes Nordrhein-Westfalen am 21. 5. 1952 in Düsseldorf mit Ansprachen des Herrn Bundespräsidenten Professor Dr. Theodor Heuss, des Herrn Ministerpräsidenten Arnold, Frau Kultusminister Teusch, der Herren Professor Dr. Hahn, Professor Dr. Strugger, Vizepräsident Dobbert, Professor Dr. Richter, Professor Dr. Fucks.

Heft 22:
Prof. Dr. Johannes von Allesch, Universität Göttingen
Die Bedeutung der Psychologie im öffentlichen Leben
Prof. Dr. med. Otto Graf, Max-Planck-Institut für Arbeitsphysiologie, Dortmund
Triebfedern menschlicher Leistung

Heft 23:
Prof. Dr. phil. Dr. jur. h. c. Bruno Kuske, Universität Köln
Probleme der Raumforschung
Prof. Dr. Dr.-Ing. e. h. Prager
Städtebau und Landesplanung

Heft 24:
Prof. Dr. Rolf Danneel, Universität Bonn
Über die Wirkungsweise der Erbfaktoren
Prof. Dr. K. Herzog, Medizinische Akademie Düsseldorf
Bewegungsbedarf der menschlichen Gliedmaßengelenke bei der Berufsarbeit

Heft 25:
Prof. Dr. O. Haxel, Heidelberg
Energiegewinnung aus Kernprozessen
Dr. Dr. Max Wolf, Düsseldorf
Gegenwartsprobleme der energiewirtschaftlichen Forschung

Heft 26:
Prof. Dr. Friedrich Becker, Universität Bonn
Ultrakurzwellen aus dem Weltraum, ein neues Forschungsgebiet der Astronomie
Dozent Dr. H. Straßl, Bonn
Bemerkenswerte Doppelsterne und das Problem der Sternentwicklung

Heft 27:
Prof. Dr. Heinrich Behnke, Universität Münster
Der Strukturwandel der Mathematik in der ersten Hälfte des 20. Jahrhunderts
Prof. Dr. E. Sperner, Bonn
Eine mathematische Analyse der Luftdruckverteilungen in großen Gebieten

Heft 28:
Prof. Dr. O. Niemczyk, Aachen
Die Problematik gebirgsmechanischer Vorgänge im Steinkohlenbergbau
Prof. Dr. W. Ahrens, Krefeld
Die Bedeutung geologischer Forschung für die Wirtschaft, besonders in Nordrhein-Westfalen

Heft 29:
Prof. Dr. B. Rensch, Münster
Das Problem der Residuen bei Lernleistungen
Prof. Dr. H. Fink, Köln
Über Leberschäden bei der Bestimmung des biologischen Wertes verschiedener Eiweiße von Mikroorganismen

Heft 30:
Prof. Dr.-Ing. F. Seewald, Aachen
Forschungen auf dem Gebiete der Aerodynamik
Prof. Dr.-Ing. K. Leist, Aachen
Forschungen in der Gasturbinentechnik

Heft 31:
Direktor Dr. F. Mietzsch, Wuppertal
Chemie und wirtschaftliche Bedeutung der Sulfonamide
Prof. Dr. G. Domagk, Wuppertal
Die experimentellen Grundlagen der Chemotherapie der bakteriellen Infektionen

Heft 32:
Prof. Dr. Hans Braun, Universität Bonn
Die Verschleppung von Pflanzenkrankheiten und -schädlingen über die Welt
Prof. Dr. Wilhelm Rudorf, Max-Planck-Institut für Züchtungsforschung, Voldagsen
Der Beitrag von Genetik und Züchtung zur Bekämpfung von Viruskrankheiten der Nutzpflanzen

Heft 33:
Prof. Dr.-Ing. V. Aschoff, Aachen
Probleme der elektroakustischen Einkanalübertragung
Prof. Dr.-Ing. H. Döring, Aachen
Erzeugung und Verstärkung von Mikrowellen

Heft 34:
Geheimrat Prof. Dr. Rudolf Schenck, Aachen
Bedingungen und Gang der Kohlenhydratsynthese im Licht
Prof. Dr. Emil Lehnartz, Universität Münster
Die Endstufen des Stoffabbaus im Organismus

Heft 35:
Prof. Dr.-Ing. H. Schenk, Aachen
Gegenwartsprobleme der Eisenindustrie in Deutschland
Prof. Dr.-Ing. E. Piwowarsky, Aachen
Gelöste und ungelöste Probleme des Gießereiwesens

Heft 36:
Prof. Dr. W. Riezler, Bonn
Teilchenbeschleuniger
Prof. Dr. med. G. Schubert, Hamburg
Anwendung neuer Strahlenquellen in der Krebstherapie

Heft 37:
Prof. Dr. F. Lotze, Münster
Probleme der Gebirgsbildung
Bergwerksdirektor Bergassessor a. D. Rauschenbach, Essen
Die Erhaltung der Förderungskapazität des Ruhrbergbaues auf lange Sicht

Heft 38:
Dr. E. C. Cherry, D. Sc., A.M.I.E.E., London
Cybernetics
Prof. Dr. E. Pietsch, Clausthal-Zellerfeld
Dokumentation und mechanisches Gedächtnis — zur Frage der Ökonomie der geistigen Arbeit

Heft 39:
Dr. H. Haase, Hamburg
Infrarot und seine technischen Anwendungen
Prof. Dr. A. Esau, Aachen
Die Bedeutung des Ultraschalls für technische Anwendungsgebiete

Heft 40:
Bergassessor F. Lange, Bochum-Hordel
Die wissenschaftliche und soziale Bedeutung der Silikose im Bergbau
Prof. Dr. W. Kikuth, Düsseldorf
Die Entstehung der Silikose und ihre Verbreitungsmaßnahmen

Heft 40a:
Prof. Dr. E. Groß, Bonn
Berufskrebs und Krebsforschung
Prof. Dr. H. W. Knipping, Köln
Die Situation der Krebsforschung vom Standpunkt der Klinik und des praktischen Arztes

Geisteswissenschaften

Heft 1:
Prof. Dr. W. Richter, Bonn
Die Bedeutung der Geisteswissenschaften für die Bildung unserer Zeit
Prof. Dr. J. Ritter, Münster
Die aristotelische Lehre vom Ursprung und Sinn der Theorie

Heft 2:
Prof. Dr. J. Kroll, Köln
Elysium
Prof. Dr. G. Jachmann, Köln,
Die vierte Ekloge Vergils

Heft 3:
Prof. Dr. H. E. Stier, Münster
Die klassische Demokratie

Heft 4:
Prof. Dr. W. Caskel, Köln
Lihjan und Lihjanisch. Sprache und Kultur eines früharabischen Königreiches

Heft 5:
Prof. Dr. Th. Ohm, Münster
Stammesreligionen im südlichen Tanganyika-Territorium. — Religionswissenschaftliche Ergebnisse meiner Ostafrikareise 1951

Heft 6:
Prälat Prof. Dr. G. Schreiber, Münster
Deutsche Wissenschaftspolitik von Bismarck bis zum Atomphysiker Otto Hahn

Heft 7:
Prof. Dr. W. Holtzmann, Bonn
Das mittelalterliche Imperium und die werdenden Nationen

Heft 8:
Prof. Dr. W. Caskel, Köln
Die Bedeutung der Beduinen in der Geschichte der Araber

Heft 9:
Prälat Prof. Dr. G. Schreiber, Münster
Iroschottische und angelsächsische Kultureinflüsse im Mittelalter

Heft 10:
Prof. Dr. P. Rassow, Köln
Forschungen zur Reichsidee im 16. und 17. Jahrhundert

Heft 11:
Prof. Dr. H. E. Stier, Münster
Roms Aufstieg zur Weltherrschaft

Heft 12:
Prof. Dr. D. K. H. Rengstorf, Münster
Zum Problem der Gleichberechtigung zwischen Mann und Frau auf dem Boden des Urchristentums
Prof. Dr. H. Conrad, Bonn,
Grundprobleme einer Reform des Familienrechts

Heft 13:
Professor Dr. Max Braubach, Bonn,
Der Weg zum 20. Juli 1944 — Ein Forschungsbericht

Heft 14:
Prof. Dr. Paul Hübinger, Münster
Das deutsch-französische Verhältnis und seine mittelalterlichen Grundlagen

Heft 15:
Prof. Dr. Franz Steinbach, Bonn
Der geschichtliche Weg des wirtschaftenden Menschen in die soziale Freiheit und politische Verantwortung

Heft 16:
Prof. Dr. Josef Koch, Köln
Die Ars coniecturalis des Nikolaus von Cues

Heft 17:
Dr. James B. Conant,
U.S.-Hochkommissar für Deutschland
Staatsbürger und Wissenschaftler
Prof. Dr. D. Karl Heinrich Rengstorf, Münster
Antike und Christentum

Heft 18:
Prof. Dr. Richard Alewyn, Köln
Klopstocks Publikum

Heft 19:
Prof. Dr. Fritz Schalk, Köln
Das Lächerliche in der französischen Literatur des Ancien Regime

Heft 20:
Prof. Dr. Ludwig Raiser, Bad Godesberg
Präsident der Deutschen Forschungsgemeinschaft
Rechtsfragen der Mitbestimmung

Heft 21:
Prof. D. Martin Noth, Bonn
Das Geschichtsverständnis der alttestamentlichen Apokalyptik

Heft 22:
Prof. Dr. Walter F. Schirmer, Bonn
Glück und Ende der Könige in Shakespeares Historien

Heft 23:
Prof. Dr. Günther Jachmann, Köln
Der homerische Schiffskatalog und die Ilias

Heft 24:
Prof. Dr. Theodor Klauser, Bonn
Die römischen Petrustraditionen im Lichte der neuen Ausgrabungen unter der Peterskirche

Heft 25:
Prof. Dr. Hans Peters, Köln
Der Grundsatz der Gewaltentrennung in heutiger Sicht

If you have any concerns about our products,
you can contact us on
ProductSafety@springernature.com

In case Publisher is established outside the EU,
the EU authorized representative is:
**Springer Nature Customer Service Center GmbH
Europaplatz 3, 69115 Heidelberg, Germany**

Printed by Libri Plureos GmbH
in Hamburg, Germany